U0094711

幸福
文化

幸福
文化

最高附加價值創造法

產品、服務「營收翻倍 & 顧客感謝」的

基恩斯式工作技巧

KAKUSIN管顧公司CEO／前基恩斯顧問工程師

田尻 望——著

林美琪——譯

HIGH ADDED VALUE

前言

馬上來問一個問題。

請問各位，如果成本（製造成本和管銷成本）不變，價格可以提高二〇%的話……

你們公司的利潤會發生什麼變化？

姑且不論「天下哪有這等好事！」，如果有可能實現的話，會發生什麼情況呢？

讓我們透過圖表來看看吧。

答案是……

在【圖表一】的條件之下，如果營業利益率為五%，那麼利潤將增加至五倍。

圖表 1 價格提升，直接帶動利潤提升

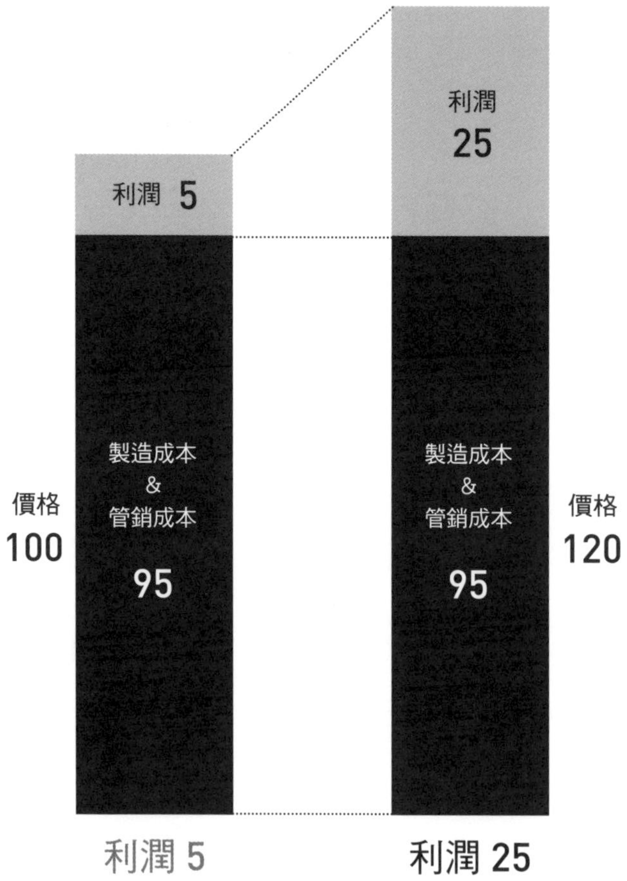

圖表 2 價格調降，利潤跟著下降

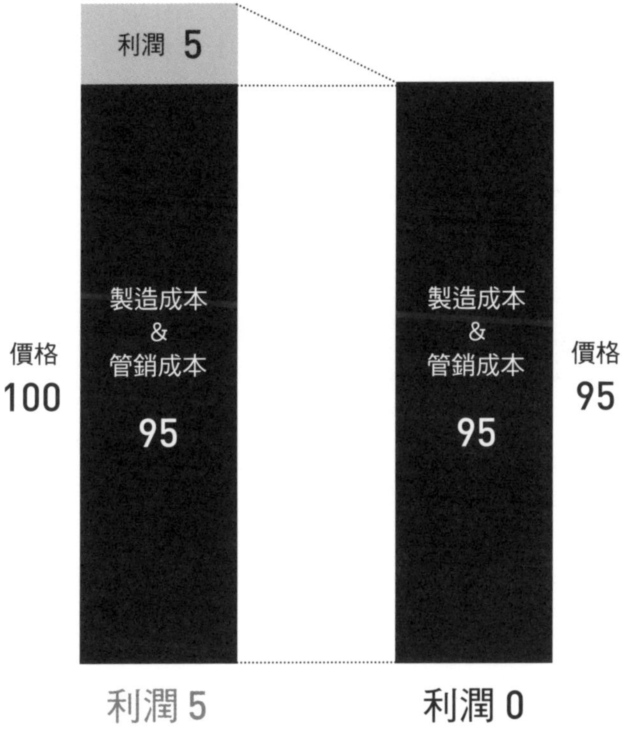

相反地，如果價格調降，幅度不要太大，五％就好，公司的利潤會發生什麼變化呢？

如【圖表二】所示，你會發現利潤減少得莫名其妙。

在這個圖表的條件下，利潤將化為零。

不過是價格的上下調整而已，利潤竟會發生如此巨大的變化。

那麼，該如何提高工作生產力，有效增加銷售額和利潤呢？

如何減少不必要甚至是浪費力氣的工作，專注於真正有意義的工作呢？

這些問題的關鍵，就是本書的主題——**附加價值**。

「附加價值」一詞在商場上十分常見。

然而，「不知道附加價值的本質是什麼」、「當上司要求『創造附加價值』時，不知從何創造起」的人，意外地不在少數。

大家都知道為工作創造附加價值的重要性，但「附加價值的定義？」、「能幹的人才和業績優異的公司，都如何創造附加價值？」卻鮮少有人知道，也尚未有人對進行系統性的詳盡解說。

所以，本書設法以簡單易懂的方式介紹附加價值，使任何人，不論其職位如何，都能學會附加價值創造法這項「技能」，並應用於日常工作中。

對於希望提高工作生產力的工作人來說，這是一本工作技巧書籍，因為裡面介紹了如何減少不必要的工作，讓每項工作都有價值的「方法」和「思維方式」。

這裡的減少不必要的工作，也包含了「時間管理」。

對於**想在更短的工作時間內實現更大利潤**的企業家和主管人員來說，本書也可以是一本經營管理書籍。

總之，一切商務活動的主幹，都是由附加價值在支撐。

本書所傳達的附加價值創造法，是每個工作者都應該學會，而且學會以後，無論是誰都能提高工作效率，無論什麼職位都能為公司帶來高收益的最強技能。

此外，在這個萬物飛漲只有薪資不漲的嚴酷時代中，附加價值創造法將成為生存下去的「最低限度素養」。

現在，請容我自我介紹一下。

我是 KAKUSIN 管理顧問公司的代表董事。

■協助一家業績五百億日圓規模的人力資源公司，提高月盈利額達八千九百萬日圓。

■協助一家業績二百億日圓規模的客服中心，提高月營收達一．四億日圓。

■協助一家業績五十億日圓規模的禮服店，提高月營收達二千四百萬日圓。

除了前述三個例子，透過我的管理顧問諮商和研修活動，在短時間內快速提升收益的公司，至今已超過一百家，橫跨三百個行業。

大學畢業後，我進入基恩斯（KEYENCE）公司。

幸運的是，儘管只有學士學位，我卻能進入總部擔任行銷技術方面的顧問工程師。

那裡有出色的同事和前輩，以及優秀的公司體系。

在我服務的四年期間，我參與許多新商品的行銷專案，運用針對國內及國外的行銷術，獲得各種寶貴的經驗。

現在，基恩斯是一家非常成功的公司，營業利益率超過五〇%，員工的平均薪資超過二千萬日圓（第三章，會介紹基恩斯如何創造附加價值及其運作機制）。

當然，在基恩斯的經驗對我的顧問工作很有幫助，但**僅憑這些經驗，其實很難將「附加價值創造法」以一種人人都能實踐的方式傳授出來。**

事實上，我是經過許多波折才走到今天的。

離開基恩斯後，我與一些人合作，創立了一個專門培訓獨立財務顧問的事業。

短短兩個月，我們吸引了超過二百位客戶，營業額十分可觀。

然而，半年我就撐不下去了。

因為我們沒有建立好一套經營事業所必要的機制，冒然投入的結果，就是欠缺後續跟進機制、持續銷售機制、持續盈利機制，以及合理的報酬分配機制等。事後回顧，當時的我確實不夠成熟。

事業做不下去後，我不得不賣掉在基恩斯工作時買的房子，住到岳父岳母家，處於無殼蝸牛狀態。

我失去工作，陷入不知該做什麼來賺取收入的無業狀態。

而且，我有一個剛出生的小孩，已經是有妻有子的一家之主了。

各位應該能夠理解，當時的我，根本無法養活家人。

情況簡直糟到不行，但幸好我去找一位相識的社長商量後，進入某家擁有一百間店鋪的餐飲集團工作。

於是，我從賣出一部三十萬日圓機器，就能賺進十五萬日圓的基恩斯公司，跳到賣一碗五百圓丼飯只能賺十五日圓的公司。

那段時間，我每天從早上九點工作到深夜十二點，每個月上班二十五天，月薪是二十五萬日圓。

後來算算時薪，竟然只有六百六十六日圓！

我有妻有子，就賺這麼點錢。

儘管如此，我非常拚命地工作。

但我只能得到如此微薄的薪水。

當然，至今我仍十分感激那家公司願意雇用我，這份恩情我畢生難忘。

只是，那時的我，在十二月隆冬深夜的回家路上，看見情侶漫步的幸福模樣、酒客醉醺醺的幸福模樣，心裡真的很恨。

不知在內心罵了多少髒話。
不知走在路上的那張臉有多臭。
根本沒有餘力對別人好。
就算想對別人好，也沒有餘力給出實質的幫助。

然而，正是這段經歷，讓我明白能夠工作的可貴。
透過與終端用戶的直接互動，我才明白什麼是「價值」，要創造附加價值就絕對不能沒有價值，而這是我待在基恩斯不會明白的。
也是在這段時期，我才認識「**感動是價值的泉源**」（後面會詳加解說）這句話，正是附加價值的重要關鍵。

一直走來，我都不是一帆風順。
從當時到現在，我見過太多各行各業的公司，以及在那裡工作的人們。
這些公司和人們當中，存在著明顯的差異，有些是「成功的公司和成功的人」，有些是「普通的公司和普通的人」，也有些是「不成功的公司和不成功的人」。

我發現，產生這個差異的原因在於「創造附加價值的機制不一樣」。唯有明白這一點，才能為客人提供諮商服務，幫助他們複製別人的成功經驗。

同時，正因為我有豐富的經驗，才能夠為各種不同的公司，無論是B2B（企業對企業）、B2C（企業對客戶）、B2B2X（企業對企業對多元終端用戶），無論行業或業態如何，提供有價值的諮詢服務。

令人欣喜的是，有客戶跟我說，他們預計的年附加價值增加額，已經超過五十億日圓。

客戶公司的附加價值提高，代表客戶公司**得到了更多來自顧客的感謝**。對我來說，這是最令人開心的事情了。

我已經將自己過去積累的相關知識，整理在本書中了。

而書中的「創造附加價值法」，將提高你的工作效率，增加你公司的利潤，並增加客戶對你公司的感謝之情。

我深信，這終將豐富你的人生。

那麼，讓我們開始吧。

※ 請注意，有一些不與附加價值相連動的運作方式，例如：資本（金錢）×資本（金錢）。本書已排除這類元素。

CONTENTS

第3章

效法擅長創造附加價值的基恩斯 085

第4章

六大價值，抓住法人顧客的心

第5章 需求發現法&附加價值的傳達法　173

第6章

如何大力擴散創造的附加價值

第1章

附加價值的「價值」是什麼？

不懂價值，永遠拿低報酬

首先，讓我們從明確定義**價值**和**附加價值**開始吧。

價值是顧客（對方）感受到（決定）的東西。

這就是本書對價值做出的定義。

那麼「附加價值」又是什麼呢？

我將附加價值定義為：

附加價值的來源是需求。

換句話說，「價值」是指某產品或服務，讓「客戶覺得『很有價值』的東西」；而「附加價值」則是「能滿足客戶需求的東西」。

也許定義得太簡單了一點，反而讓人很難領會。

但別擔心，我後面會透過各種具體範例，以簡單易懂的方式加以說明，來讓你恍然大悟。

我再對「附加價值」做一點補充說明好了。

但凡做生意，最重要的就是：「如何為自家採購的東西創造附加價值？如何讓客戶購買和使用？最後，如何讓客戶感受到商品或服務的價值及附加價值？」這些都是創造附加價值時，不能不考慮的問題。

話說回來，許多人根本不了解「價值到底是什麼？」

所以，不了解價值，很容易產生下列問題。

■因為不了解價值，所以根本創造不出價值。
■即使偶然創造了價值，也無法再度重現。
■無法重現，就無法形成機制。
■無法形成機制，就無法形成系統。
■無法形成系統，就無法自動化。
■無法自動化，所以生產力很低。
■生產力很低，導致報酬也很低。

換句話說，如果你現在感到「薪資或報酬很低」，那麼很可能你和你公司的人都沒有好好了解「價值是什麼？」

所以先來好好了解價值的定義吧。

這是創造附加價值的起點。

然後，為了不把時間浪費在不必要的事情上，你必須判斷你的工作是否有價值。而下面「三個問題」足以幫助你做判斷。

你每天進行的工作：

①能不能影響客戶做出「**我要買**」的決定？

②客戶買了商品或服務後，有沒有真正地去「**使用**」？

③使用後，是否覺得「**有用**」？

例如，有個賣健康食品的銷售員到客人那裡，拚命介紹產品。

①指的是，經過這名銷售員的介紹後，客人覺得：「我的身體最近越來越差了……，這就是我一直在找的東西，我一定要買！」

②指的是，買這個健康食品的客人，後來也都繼續回購。

③指的是，客人持續食用健康食品後，健康獲得大幅改善。煩惱解決的客人開心地說：「我的身體完全好了！」

只要符合三項中的任何一項，都可以說這個工作「有價值」。

反之，如果一個都沒中，就是沒有價值。需要注意的是，如果沒有①，就不會有②和③。

沒有價值＝浪費。

平時處理各種工作時，不妨善用這三個問題，來判斷手上的工作是否有價值。

重點 1

首先，了解價值和附加價值的定義。

不懂價值，注定賠錢！

市面上有很多商品和服務（或是進行中的工作），都是在不了解「價值是什麼？」的情況下製造出來的。

不了解「價值是什麼？」，卻浪費開發成本、人力成本和行銷成本在不必要的事情上，只會有一個結果——**虧損（至少是利潤大幅減少）**。

或許你覺得「哪有人會把錢浪費在不必要的事情上」，但其實這種例子在你我身邊比比皆是。

以前有家大型家電製造商開發了一款洗衣機，宣稱「洗淨力第一！」，並且將「洗淨力」作為首要賣點，在商品網頁上大量刊登相關資訊，進行盛大的廣告宣傳。

那麼問題來了，你最近曾對洗衣機的洗淨力感到不滿過嗎？或者最近有沒有聽過別人抱怨「洗衣機洗不乾淨」的問題？

至少我沒有。問了我老婆，她也說沒有。

我曾在研討會、研修活動和演講上，向三千多人提出同樣的問題，幾乎所有人的回答都是「沒有」。

顧客的需求來自「顧客的困擾」。

顧客會買該商品或服務，是因為他們想讓「需求獲得滿足」。

而這個需求獲得滿足，就是「有用」的意思。

以這款高性能洗衣機來說，「洗淨力」不是「顧客的困擾」，不能讓「需求獲得滿足」，更談不上「有用」。

附帶一提，追求洗淨力的應該是「清潔劑」才對。

比起洗淨力，現代洗衣機需要的是洗滌和烘乾的容量、烘乾功能、靜音運轉、省水和省電功能，以及與住房和生活方式相匹配的設計。

超越一定的性能水準後，**「洗衣機的洗淨力」就不再具有價值**了。這家製造商錯看了「顧客真正需要的價值」，才會為洗衣機開發這種無謂的高性能。

那麼，為什麼會製造出這種高性能的洗衣機呢？

也許是沒有深入思考使用者真正需要的價值，以及製造商應該提供什麼樣的附加價值，只因為「做得出來就做了」；也或許是出於一種「開發者的自我滿足」吧。

企畫出高性能產品，顧客卻感受不到價值時，就會發生一連串悲劇。

首先，為了實現高性能，生產成本自然會增加。又因為是高性能，原料成本和生產工序也會增加。

然後，公司會要求行銷人員積極讚揚這些高性能，透過各種媒體和促銷工具，例如電視廣告、網站、傳單、賣場廣告等進行強力宣傳；賣場店員也會接到指示，要向顧客大力推銷這項賣點。

接著，當這樣的產品實際陳列在店頭販賣時，現場的消費者會有什麼反應呢？

有可能是這樣：

嗯……（完全感受不到價值）↓不購買、要求降價或購買其他產品

開發成本、生產成本和工廠人力成本的增加，以及市場行銷費用等通通報銷。別說無法提高生產力，如果持續製造下去，只會導致虧損連連。

這種悲劇正是不了解價值造成的。這不是在說開發者的錯、行銷人員的錯，不是要怪罪某個人或某個部門。

不知道、不了解價值是什麼，才是一切的元凶。

相反地，如果經營者和開發者了解價值是什麼，就能事先預防這種嚴重失誤了。

除了不了解價值外，還有一個容易落入的陷阱。

賣家往往不是先思考「顧客為什麼會買？」，而是先思考「怎麼樣才能大賣？」。

「怎麼樣才能大賣？」是以賣家為主體的思考方式。

於是，賣家會先去尋找能夠大賣的要素——高性能。

但是，做生意的目標應該是讓顧客購買你的產品，因此，應該採用以顧客為主體的思考方式，先思考「顧客為什麼會買？」才對。

作為一名顧問，我與客戶交談時，最想提醒客戶注意的就是這一點。

「為什麼你的客戶會買你家的產品或服務？」

只要找到這個問題的答案，就能找到吸引客戶購買的線索。而且，你將發現，在「怎麼樣才能大賣」的思考模式下，自己做了多少白工。

因此，第一步就是改變想法，從「怎麼樣才能大賣？」改成「顧客為什麼會買？」。

重點2

了解「價值是什麼？」才能預防致命性的失敗。

不是先思考「怎麼樣才能大賣？」，而是先思考「顧客為什麼會買？」

「倉促上路」只會大幅縮減利潤

我之前工作過的基恩斯公司，在進行新產品的企畫及開發時，採用的方式屬於市場導向型，即聚焦在顧客需求上面。

- 顧客為什麼會買？
- 真的會使用這個產品或功能嗎？
- 如果使用了，真的有所幫助嗎？
- 有什麼樣的幫助？

這些問題**在產品企畫和開發之前，都會徹底地深入研究**。

在深入了解顧客需求的過程中，一定會做「市場調查」。

但是，許多公司並未做到「對顧客的需求追根究柢」，或說沒有像基恩斯那樣做得這麼徹底。

聽到我這麼一說，很多人一定會反駁：「不不，我們公司也有做市場調查喔！」

那麼，請問：

你們的市場調查有直接徵詢買家的意見嗎？
顧客真的有說，產品上市後他們「會買」嗎？

恐怕很多公司都沒做到這麼徹底吧。

基恩斯是一家製造商。

而且是一家製造「標準品」而非特製品的製造商。

也許有人覺得：「既然是製造標準品，在新產品企畫和開發之前，仔細地詢問買家需求到這種程度，也太奇怪了吧？」

但是，基恩斯的新產品企畫人員堅持進行徹底的市調「在製造產品之前，親自前往第一線詢問客人的需求」、「調查並分析該企業面臨哪些困難」，並將結果反映到產品開發上。

沒有像基恩斯這樣做好徹底市調就推出的產品和服務，不過是基於「假設」做出來的。

換句話說，他們製造這些產品，卻根本不知道是否會暢銷。

光憑假設就進行開發和製造，不就是倉促上路嗎？

倉促上路的後果，十之八九會慘遭滑鐵盧。

日本企業的新事業和新產品，之所以成功率偏低，原因多半不出這個「光憑假設就倉促上路」的作為。

然後，這種失敗的新事業，會造成公司整體的利潤大幅下滑。

重點 3

基恩斯公司在進行新產品的企畫及開發前，都會徹底做好市場調查，再將結果反映在產品開發上。

浪費「生命時間」等於毫無價值

前面提到，某製造商開發了一款高性能的洗衣機，結果因為不符合客戶需求，而造成巨大浪費的案例。

然而，這裡浪費的不僅僅是成本而已。

還有另一個重大的浪費，那就是──

浪費了「工作人員的時間」，更直白地說，浪費了「人命的時間」。

如果製造一個家電，裡面搭載了用不到的性能，讓我們用假設的數字來算一下，從產品的開發、製造，到銷售、宣傳，會浪費多少「生命時間」。

■ 開發部門員工：二十人×二年
■ 工廠生產線員工：十人×二年
■ 電視廣告製作人員：十人×三個月
■ 產品網站製作人員：五人×六個月
■ 傳單和賣場廣告製作人員：五人×二個月
■ 銷售人員：一千人×二百天
■ 聽銷售員推銷商品的客人：四百萬人×三分鐘

這些時間（總共超過一百年）都被浪費掉了，不會產生價值。這當然是經濟上的損失，更是不折不扣的浪「生命時間」。

為什麼會發生這種悲劇呢？

我再重申一遍，這是因為「不知道或不了解什麼是價值」。

當然，這不表示企業不尊重人的生命時間。相信每個人都認同生命時間很寶貴，而且無可取代。

因此，只要認知這一項事實，必定會為了這種「浪費」而感到痛心和遺憾。

希望各位明白，很多企業都存在這類浪費時間的情況。所有的商業活動都會用到人的「生命時間」，但是否用在有價值的事情上，則會直接影響到附加價值和生產力的問題。

另一方面，追求價值的行動，通常會伴隨著很多「最終不會產生價值的行動」。

以至於在提出「這可能有價值」的假設後，為了驗證這個假設而採取的行動中，很多都不會直接連結到價值。

但這些行動並不是浪費。反而是很棒的行動，可以幫助工作人成長，提高未來創造出價值的可能性。

重點 4

所有的商務活動都會用到「人的生命時間」。

生命很可貴，而且無可取代，不應該浪費，而該用在有價值的事物上。

讓顧客甘願付錢還說聲「謝謝」

很多時候，我們會對付錢的客人說「謝謝」，表達感謝之意。由收錢的一方向付錢的客人道謝，是很常見的情景吧。

那麼，什麼時候會反過來，由客人主動說「謝謝」呢？其中有一個非常簡單的理論。

價值＞支付金額

這樣的前提下，客人自然會向你道謝。

畢竟就感覺及對價關係而言，客人覺得自己獲得的價值（量），大於（多於）他付出的金額。

因為此時，客人的心情是這樣的：

- 謝謝，能跟你買太好了！
- 謝謝，我買到了最棒的產品！
- 謝謝，我買到賺到了！

反之，如果是這個狀況：

支付金額＞價值

想必付錢的客人不會有感謝的心情吧。

如果明白收錢時被對方說「謝謝」的感覺（喜悅、滿足感），就能領會到工作價值的意義才對。
提供對方高價值的事物，讓對方開心，還能收到錢，並得到感謝。
相信沒有人能不從中感到工作價值。
這就是工作上「金錢」、「價值」與「幸福」的基本結構。
只要明白其中的關聯，就能在創造附加價值的同時感受到幸福。
請務必記在心上。

重點 5

以提供大於「對方支付金錢」的「價值」為目標。做到這點，就能創造附加價值，同時感受到幸福。

成為「創造附加價值的人」

思考附加價值時，一般有以下兩種計算式：

■ **扣除法：附加價值＝銷售金額－外部採購成本（原料成本、運輸費用、外包加工費用等）**

■ **添加法：附加價值＝經常性利潤＋人事費用＋租金＋折舊費用＋財務成本＋稅金**

不過，光記住上述兩個公式，並不能使你成為「創造附加價值的人」，畢竟這只是賣家的計算方式罷了（當然，也會出現必須使用這些算法來思考的時候）。

感受價值的主體是「顧客（對方）」。

創造附加價值的起點，在於前面提到的去了解「價值是什麼？」，也就是了解顧客。

一切都是從這裡開始的。

如果用附加價值的扣除法和添加法等計算公式來思考，就會很難思考到最重要最根本的「價值是什麼？」。

你應該將焦點放在「顧客覺得什麼樣的事物有價值？」才對。

只要做到這點，你就能朝著「成為創造附加價值的人」邁出第一步。

接下來將用下面兩個概念，來介紹「附加價值創造法」：

■ 價值是顧客感受到的東西。

■ 附加價值＝價值－外部採購價值

本書不僅適用於從事推銷、市場行銷、產品企畫和開發人員，也適用於從事銷售事務和人資等後勤工作者，幫助他們創造附加價值。

此外，對於自由工作者和個人事業主，也有很多有用的提示。

從第二章開始，我將介紹「附加價值創造法」的本質，以及創造附加價值的「機制」，並結合圖表詳加說明。

重點 6

用「附加價值＝價值－外部採購價值」的觀點來進行思考。

第2章

如何區分附加價值和浪費？

價值和附加價值的關係

正如第一章所述，要成為創造附加價值的人，首先必須充分了解「價值是什麼」。

在本書中，我將價值定義為**價值是顧客（對方）感受到（決定）的事物**。

為了讓各位更了解這個定義，我舉一個簡單的實例來說明。

這是發生在我慶祝結婚十周年紀念日的事。

為了感謝老婆十年來的辛勞，我想安排一個只有我們兩人獨處的特別慶祝活動，地點選在大阪市一家高級酒店。

這家酒店也是我們舉辦婚禮的地方，我打算回到起點，在同一個地方，利用酒店的單日住房方案來享受奢華浪漫時光。

上網查詢後，我知道可以在酒店一樓的義大利餐廳訂到五、六萬日圓的套餐。

然而，這家酒店還有另一家法國餐廳，我認為在這裡用餐比較好，於是打電話問酒店：「在這家餐廳用餐的話，套餐價格是多少錢？」

只不過，負責接電話的酒店人員，卻多回覆了一句絕對不應該對客戶說的話：

「**您好，這家餐廳的價格稍微貴了一點，要十六萬日圓……**」

各位知道在這種情況下，絕對不該對客戶說的話是什麼嗎？

沒錯，就是「**稍微貴了一點**」這幾個字！

聽到「稍微貴了一點」時，我腦中立刻浮現這些想法——

這是我和老婆的重要結婚紀念日。

我們要在結婚紀念日要花多少錢、用什麼方式來慶祝，這些花費是昂貴還是便宜，應該由我們來決定。

賣家怎麼可以隨便用「貴」來形容服務的價值呢？

這家酒店無法提供我所追求的服務價值吧。

利用酒店的日間入住方案，花十六萬日圓吃一餐確實不便宜。以常理來看，算非常昂貴吧。

但對我來說，這是人生中唯一又重要的結婚十周年紀念日。所以稍微貴一點也沒關係，我想藉此表達對老婆最深的謝意。

「讓我自己來決定是昂貴或便宜」的想法很理所當然吧。
所以我回說：「哦，這樣啊，我知道了，那我再考慮一下。」
最後，雖然我訂了房間，但決定改去其他餐廳，不在酒店的餐廳吃飯。

重點 1

明白什麼是「絕對不能對客人說的話」。

讓人「付三倍以上的錢也願意！」

我有個朋友，她之前是我慶祝結婚紀念日那家酒店的頂尖業務（她在該酒店創下的婚禮年度銷售記錄，至今無人打破）。當我告訴她前面那段故事時，她說：「竟然有這種事？太糟糕了！如果是我，我一定會讓田尻先生您花超過五十萬日圓的！」

五十萬日圓，是十六萬日圓的三倍以上。所以我問說：「妳要怎麼讓我花超過五十萬日圓？」她是這樣回答的——

「田尻先生，這十年來，您讓您夫人吃了多少苦？您把每一年發生的事情，毫無保留地告訴我。然後，我們一起討論該怎麼慶祝吧。比方說，要不要在房間裝飾一整面牆的鮮花，給夫人一個驚喜？或者讓每一名酒店人員與您們擦身而過時，為您們獻上祝福。

「就讓飯店人員來創造這些驚喜，一起參與這個小型婚禮，讓您覺得，這一天是您和家人在接下來的十年，乃至永遠，都能過得幸福又快樂的契機。這樣說可以嗎？」

我不假思索回答：「喔，那樣的話，我應該願意花五十萬日圓！」她的提案並沒有擅自認定是貴或便宜，而是讓我來判斷酒店提供的服務是否有價值。

而且，我本來的想法就是「如果酒店提供的服務很有價值，我願意花這個錢。」這個提案可說完全符合我的期待。

在這個案例中，**價值並非由買方的顧客決定，而是被身為賣方的酒店人員自行認定**。以酒店這種服務業來說，相當於犯了一個根本性的大錯。

當然我也很清楚，接電話的酒店人員說那些話並無惡意。

或許對方是秉著良心說出「稍微貴了一點」這句話。

但是，**賣方自行判斷價值多寡的行為是不應該的**。

價值的判斷應由客戶來認定。

我的期望是向老婆表達十年來的感恩之情，就算最終得花一大筆錢也在所不惜。

然而，那名工作人員應該只是**用時間單價、餐點的品質等事物來和費用做比較，以此認定他們提供的服務價值**。

否則，應該不會對客人說出「這個服務稍微貴了一點」這種話。

服務提供方所認定的價值，只是賣家自己的想法，不是真正的價值。

就如同這個酒店案例一樣，賣方自己認定的價值，與客戶期待實現的價值之間，經常存在著莫大的差距。

所以創造附加價值時，這種差距會是一個很嚴重的問題。出現這種差距時，代表賣方**根本不了解價值為何，自然不可能創造出附加價值了**。

再次強調，感受價值的主體是客戶。

請牢記這個最根本的基念：顧客才是決定有沒有價值的人。

重點 2

價值應由顧客認定。

賣方絕對不可任意做出判斷價值的言行。

需求才是附加價值的泉源

上一章，我們對附加價值做了明確的定義「附加價值根源於需求」。沒錯，所有附加價值都來自顧客（對方）的需求。

我也同樣在這裡舉一個簡單易懂的例子來說明吧。

在高級餐廳或日式料亭等場所用餐時，服務人員大多會詳細地介紹食材和烹調方法。如果是氣氛輕鬆的慶祝場合，這樣的說明會讓人覺得很有品味、很有情調。

如果顧客是為了品嘗名店的招牌菜而來，可能會想了解那道菜的內容，所以店家的說明會贏得顧客的感激，覺得很開心才對。

不過，如果客人針對某事談論得正熱烈，比如正在認真商討業務，或者是跟好友聊趣事聊得正開心時，又會如何呢？

「不好意思！」店員突然出聲，貿然打斷了談話，硬是展開落落長的菜色說明……

這時客人勢必會覺得：「唉，難得聊得正開心，很煩耶……」

同樣都是在「詳細地介紹料理」，為什麼前者會讓人覺得「開心」，後者會讓人覺得「很煩」？

因為前者滿足了客人的需求，是有附加價值的行為；後者並未滿足客人的需求，因此沒有附加價值，變成多此一舉的服務了。

無論任何場合，**只有確實聚焦於對方有需求的部分，提供適當的服務時，才會產生附加價值**。

即使一律按照標準作業程序來進行，只要對方沒有這個需求，那些介紹和說明都只是一種浪費。

重點 3

同樣的服務，有時會產生附加價值，有時則不會。關鍵在於對方有沒有需求。

附加價值的機制（結構）

為了提供附加價值，你要先釐清對客戶來說什麼是附加價值、什麼不是，而且明確分辨出這兩者的不同。

請看【圖表三】。這是我在解說附加價值時，經常使用的圖表。我用這張視覺化的圖表，來呈現「**附加價值的結構**」，以及透過什麼樣的機制來打造。

在這張圖表中，你認為附加價值在什麼地方呢？

我在演講或研討會上問這個問題時，許多人都會指著「顧客的需求」線

圖表3 附加價值在什麼地方？①

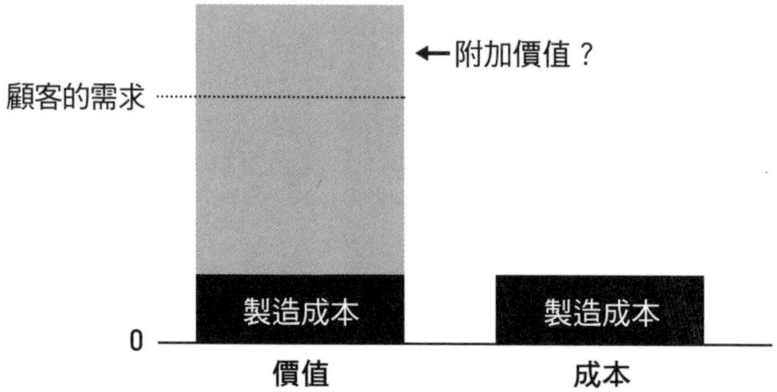

上面的部分，說：「我認為這個部分是附加價值。」

這種想法是認為「提供超過顧客需求的事物才算是附加價值」。

事實上，很多人都以為附加價值＝提供超乎對方期待、某種額外的東西。

不過，很遺憾，這是錯誤的。**超過顧客需要的部分，並不是附加價值**。

這部分就算你真的提供了，也不能成為附加價值，只是「浪費」

圖表 4 附加價值在什麼地方？②

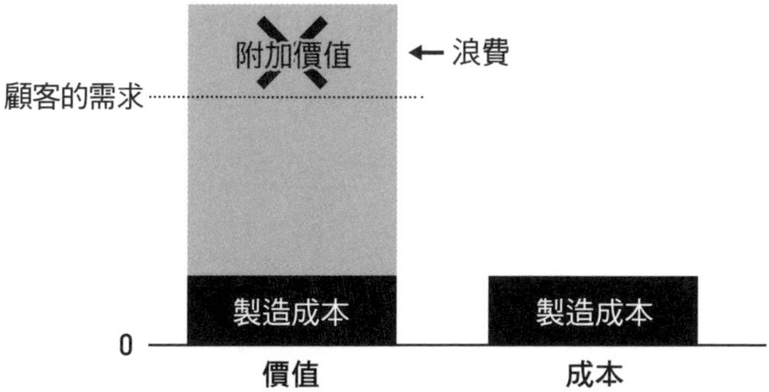

罷了。

為什麼這部分不是附加價值，而是浪費呢？

如果你有充分了解前面說明的內容，相信馬上就知道原因了。

因為這條線上面的部分，全都是顧客用不到的、不需要的事物。

以第一章舉例的洗衣機來說，「洗淨力第一」這個特色相當於這裡的「浪費」。

那麼，附加價值到底在什麼地方呢？

圖表5 **附加價值在什麼地方？③**

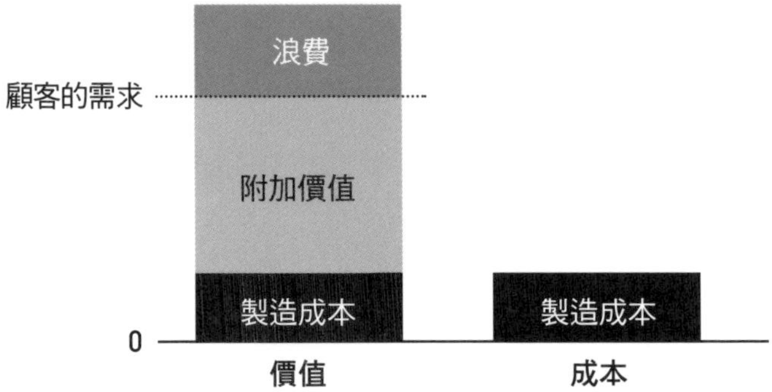

答案是：**從「製造成本」以上到「顧客的需求」為止的部分。**

所謂附加價值，是指除了商品或服務本來就有的價值之外，「額外加上去的價值」，也就是超過製造成本（原本的價值）且滿足顧客需求的部分。

當然，會計上的附加價值，就像第一章提到的扣除法和添加法（第46頁）兩種思考模式。但我在本書中定義的附加價值，是以滿足客戶需求為基礎而創造出來的。請各位再次牢記這一點。

重點 4

超過顧客需求的部分不是附加價值，是浪費。

「潛在需求」比「顯在需求」更有價值

從這裡開始，我們會更深入探討附加價值的來源——需求。希望大家先知道，需求分為**顯在需求**和**潛在需求**兩種。

「顯在需求」指的是客戶在大腦中期望的事物，也就是客戶自己明確意識到的需求。這些需求通常都很表面化、顯而易見。

比方說，想要一台新電腦、想吃牛丼、想打扮時尚、想去旅行等，都屬於顯在需求。

另一方面，「潛在需求」則是客戶自己並未清楚察覺到的需求。

平時並未察覺，但當有人問到或自己體驗到的時候，會覺得「原來我想要啊」、「原來我想做這樣的事」，這就是潛在需求。

舉例來說，你想要再瘦一點、身材曲線好一點，這是你自己都知道的顯在需求。

但「為什麼想要變瘦呢？」這一點很重要，因為潛在需求就藏在其中。是想透過變瘦來吸引人？受到別人的稱讚？還是為了健康？

這部分通常都藏得很深，往往連說出「我想變瘦」的人，也不清楚自己想變瘦的真正原因是什麼。

潛在需求比顯在需求更為重要。

顯在需求容易理解，所以企業比較容易提供滿足這些需求的附加價值。而潛在需求因為顧客本身也沒有意識到，因此需要找出更深層次的附加價值才能滿足。

圖表6 附加價值的全貌

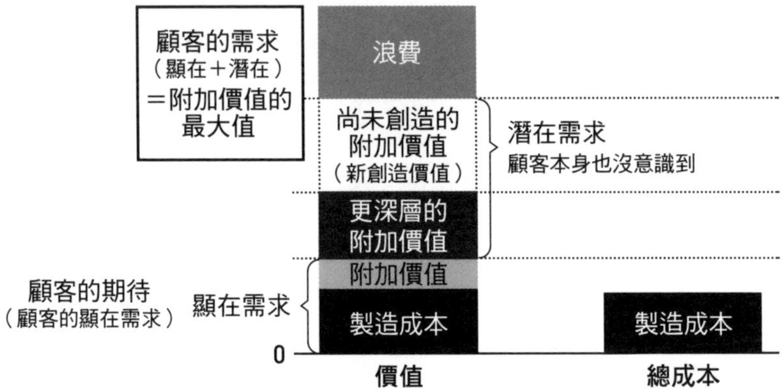

讓我們來看看更詳細的附加價值分析吧【圖表六】。

製造成本上面的部分，是由顯在需求支撐的附加價值。

然後在這上面，有一個超過顯在需求的領域，它能滿足顧客自己也沒意識到的潛在需求，稱為「**更深層的附加價值**」。

基恩斯公司向來會深入而精準地發掘客戶「未察覺的潛在需求」，並基於這些需求來開發和設計產品，不斷為客戶提供附加價值。

此外，在「顧客的需求」那條線和「更深層的附加價值」之間，有一個「**尚未創造的附加價值（新創造價值）**」領域。這是一個未知領域，有可能產生「還沒有人獲得滿足的價值」。

透過深入的課題解決式銷售（Consulting Sales）來探索這一領域，就會生產出具有新附加價值的產品。

而這就是基恩斯一手打造的「全球首創、業界首創」的產品。

關於如何精確地挖掘潛在需求，以創造「更深層的附加價值」和「尚未創造的附加價值（新創造價值）」，我將在稍後詳細解釋。

重點 5

需求分為「顯在需求」和「潛在需求」兩種。
必須找出潛在需求，才能提供更深層的附加價值。

抓住潛在需求的暢銷商品

在說明潛在需求和附加價值的關係之前，我先介紹一個因為抓住顧客潛在需求，而獲得成功的具體案例。

許多抓住消費者，尤其是家庭主婦的潛在需求的暢銷商品中，有一項是洗碗精的瓶子。

各位知道洗碗精的瓶子一直在進化嗎？

很久以前，很多瓶子都得先用手打開瓶蓋才能使用。

現在則有許多擠壓式的瓶子，甚至是從上往下按就會有清潔劑流出來的按壓瓶。這是因為選擇清潔劑的標準，已經從「洗淨力」轉變為「容易使用」，這些瓶子滿足了這種潛在化的需求。

以我個人來說，最近有個讓我覺得超厲害，十分符合消費者潛在需求的商品——「SHUPATTO」。

這是一款極富開創性的折疊式大型環保購物袋。折起來半個手掌大小的袋子，使用時只要拉開束帶，就能展開成袋子；收納時，也只要抓住袋子的兩端一拉，就能一秒完成折疊，是相當優秀的設計。

去超市等地方購物時，應該隨身攜帶個人購物袋的風潮下，「**跟店家要塑膠袋有點丟臉，拿著大袋子走在路上又很麻煩，難道沒有更省事的方法嗎？**」相信這是很多人心中的實際想法和需求，只是難以說出口罷了。

所以這款購物袋，正是抓住這種潛在需求的創新產品。

希望各位能從這個案例知道，日常生活中其實有很多滿足我們潛在需求的產品。

只要我們不斷思考：「眼前這個產品在規畫時，是抓住了什麼樣的潛在需求呢？」那麼有朝一日，這些思考將在工作中發揮作用。

大家不妨就從仔細觀察身邊的事物做起吧。

重點 6

每天觀察身邊的產品，思考「其中有什麼樣的附加價值？」

首先，直接到現場尋找「潛在需求」

接下來，讓我們把目光投向辦公現場，試著思考相關的潛在需求。

假設有一家公司「想引進平板電腦讓全體員工使用」。

在這種情況下，「想引進平板電腦」是表面需求，或說這家公司的顯在需求。

而探究「為什麼想引進平板電腦？」這項本質性的問題更為重要。

唯有揭開這一點，才能明白這家公司的潛在需求。

這個潛在需求大多來自**實際使用平板電腦的情境（現場）**，所以如果你是負責這項業務的銷售人員，首先有必要去實際使用平板電腦的現場參觀。

一旦來到現場進行實地調查，想必會發現許多客戶自己都沒注意到的問題或課題。

以基恩斯為例，如果客戶說：「我想提高現場的生產力。」銷售代表會說：「可以讓我到現場看看嗎？」然後親自走一趟。

光是跟客戶談一談，幾乎不可能找到潛在需求。**唯有到現場查看，才能看出潛在需求**。

如果你只知道客戶的顯性需求，勢必很難與競爭對手的產品或服務做出差異化。

因為其他公司也會提供類似的產品或服務。

但是，如果你早一步了解客戶的潛在需求，就能與其他公司的產品或服務做出區別。

精準掌握客戶的潛在需求，會成為一間公司最強大的優勢，因為這樣就能**同時實現「提供附加價值」和「差異化」**。

行銷會議上，經常會出現「設定人物誌（Persona）以了解用戶需求」的討論，但沒真正見到用戶就進行討論，根本無從了解用戶的需求。

無論是什麼樣的產品或服務，想要獲得成功，都必須直接與客戶見面，傾聽他們的意見，並仔細觀察現場狀況，掌握他們的潛在需求。

重點 7

現場是「潛在需求的寶庫」。

需求背後的「感動」是最小單位

相信各位已經明白在為客戶提供附加價值時，潛在需求有多麼重要了。

現在，讓我們稍微改變一下視角，思考一個隱藏在需求背後，而且更為重要的元素，那就是大力打動人心的事物，換句話說「**感動**」。

我認為，**人們感受到的附加價值，它的最小單位是感動**。

當對方真正的需求獲得滿足時，就會心生感動。

簡單地說，感動就是「情緒的移動」。

各位知不知道「亞伯拉罕的二十二個情緒階段」？

這是把人類情緒分為二十二個等級的一種思維方式。

圖表 7 亞伯拉罕的二十二個情緒階段

1. 喜悅、認同真正的價值＝感謝、有活力、自由、愛
2. 熱情
3. 熱衷、熱心、幸福、歡愉
4. 明確的期待、信念
5. 樂觀
6. 希望
7. 滿足
8. 厭倦、懶散
9. 悲觀
10. 懊惱、急躁、焦慮
11. 招架不住
12. 失望
13. 猜疑
14. 擔心
15. 責備
16. 沮喪
17. 憤怒
18. 報仇
19. 痛恨、激怒
20. 嫉妒
21. 不安、罪惡感、不值得
22. 恐懼、訣別、後悔、意志消沉、絕望、無力

※出處：《有求必應：22個吸引力法則》（*Ask and it is given*）。

上面是喜悅、熱情、希望等積極正面的情緒，而逐漸往下走，就會變成失望、沮喪、不安、恐懼等消極負面的情緒。

當情緒是由下往上的階段移動時，人們會心生感動。

這裡有一個重點，當**人們的情緒由下往上走，獲得感動時，便會生起有價值的感受，進而願意付出金錢。**

人們都希望從意志消沉、挫折和失望中，重新找回滿足、幸福和喜悅的感受。為了達到這個目標，人們都願意付出金錢。

讓我舉一個容易理解的例子來說明吧。

一般來說，去針灸整骨院進行治療時，如果有健保，費用大約每次是六百到七百日圓（當然會依實際治療時間而定）。以每週一次的頻率來算，半年的花費約為一萬五千日圓左右。

然而，我有一個朋友A先生，因為頻繁出入針灸整骨院，半年的花費超過了十萬日圓。A先生已經當阿公了，一直有腰痛的宿疾，各位認為他為什麼願意花這麼多錢去做那裏做治療呢？下面幾點是A先生的考量。

■ 在針灸整骨院接受治療，能緩和腰痛。
■ 緩和難受的腰痛後，不但能專心工作，還能盡情擁抱可愛的孫子。
■ 為了享受這種喜悅和感動，半年十萬日圓根本不貴。

只要腰痛改善，就能盡情抱抱孫子，讓原本因為腰痛無法抱孫，而感到的悲傷和難受情緒，轉變成了一股非常幸福的感受。

對A先生來說，這份感動就是最棒的附加價值。

請記住，附加價值與人的「情緒」密切相關。如果對方的情緒處於情緒階段的下方，你要將心比心，然後設法**將對方的情緒帶到上方的階段**。

只要能夠實現這一點，對方就會感受到附加價值。

人往往會在不知不覺之間，為了自己感動的事物付出金錢，感受其中的附加價值，只是這種需求會因人而異。

願意支付的金額，也會因情況和環境而改變。

以旅行為例，如果是自己獨自出遊，或是和親密好友的散心之旅，你可能會想用較少的預算來完成吧。

不過，如果是久違的全家旅行，想為家人創造美好的回憶，偶爾奢侈一下的話，預算就完全不同了，有些人可能會花費數十萬日圓以上。

客戶的需求在哪裡？他們會對什麼事情感動？對這樣的感動能感受到多少附加價值？請以既深又廣的角度持續探索看看吧。

重點
8

附加價值的最小單位是感動。
人們會對自己感動的事物感受到附加價值，並為此支付金錢。

三種附加價值

顧客會為了什麼事情動心，對附加價值又有什麼樣的認知呢？

為了明白這一點，就有必要先知道附加價值的種類。

我認為，附加價值可以大致分為以下三類：

①替換價值

②風險輕減價值

③感動價值

讓我們一個一個來看吧。

①替換價值：比現在更方便，情感體驗也一樣的價值

這種價值指的是，替換掉至今使用的產品或服務後，除了得到更加便利的產品或服務，還能保有原來的「喜悅、幸福、滿足」等感受。

例如，以網路通訊電話取代從前的固定式家用電話；或是改用聊天軟體，取代過去用電子郵件來溝通的工具。

換句話說，藉由替換工具，來使生活變得更加方便，同時保有目前的情緒狀態（喜悅或滿足）。

像提供共乘服務的 Uber，也是一個很好的替換價值的例子。

將交通工具從傳統的計程車替換成 Uber，不但更加便利，還能保有相同的滿足感。

②減輕風險價值：減少讓人感到痛苦的風險

這種價值滿足了「想要減少風險」的需求。

比方說，我們電腦上安裝的防護軟體就滿足了這種價值。如果電腦中毒導致資料外洩，我們會感到「悲觀、沮喪、絕望」。

然後，我們會思考：「如果未來又發生這種事情，肯定下場悽慘！」為了避免這種情況，我們會購買防護軟體，而且定期更新。

這種時候，防護軟體就是讓我們願意掏錢購買，以減少承受痛苦風險的產品。

③感動價值：讓人體驗更高階段的情緒

感動價值就像前面提到A先生去針灸整骨院那樣，從「腰痛難受」的情緒上升到「痛苦緩解，非常幸福！」這種更高階段的情緒，也就是內心生起滿滿的感動。

一如前述，人們感受到的附加價值，其最小單位就是「感動」。

我認為，**三個附加價值當中，感動價值最為重要**。

與替換價值和風險減輕價值不同，感動價值是以「那個人尚未體驗過的感動」為基礎。

因為這時感受到的是一種未知的價值，比另外二種更有附加價值。所以為了創造附加價值，必須不斷探索對於感動價值的潛在需求。

要了解這種潛在需求，實際與客戶見面、一同**體驗感動**這點很重要。

重點 9

附加價值有三種：①替換價值、②減輕風險價值、③感動價值。其中，最有高附加價值的是③感動價值。

第3章

效法擅長創造附加價值的基恩斯

「結構」足以創造成果

相信各位已經明白附加價值是什麼，以及是從什麼樣的機制中產生了。這一章，我將把焦點放在基恩斯公司上。

基恩斯是一家開發、製造並銷售各種機器的公司，主要產品是工廠自動化用的感測器和測量儀器等，市值高達十七兆日圓。

令人驚訝的是，該公司的員工平均年薪超過二千萬日圓，每人的營業利潤額也超過一億日圓，因此成為一家備受注目的公司。

最近，媒體上越來越常提到基恩斯，可惜報導的內容千篇一律，不外乎

「對銷售員的教育訓練十分嚴格」、「銷售員都很優秀」、「銷售機制很厲害」等。

至於整個組織，也就是總部機能的結構是什麼，相關業務如何運轉的部分幾乎隻字未提。

主要原因在於，媒體上出現的基恩斯離職者和退休者，大多數是前銷售人才。

他們針對基恩斯的銷售機制，即貫徹到底的數據管理、時間管理、透過角色扮演所培養出的技能，以及ＰＤＣＡ循環的運作模式等，進行了詳細的說明。

這些當然是非常有價值的訊息，但關於公司如何利用銷售員找到的客戶需求，以及組織如何用來創造附加價值等，並未進行詳細的說明。因此，光從這些內容來探討基恩斯的本質──一家能夠創造附加價值的企業，是有困難的。

圖表 8　你會怎麼轉動這個門把？

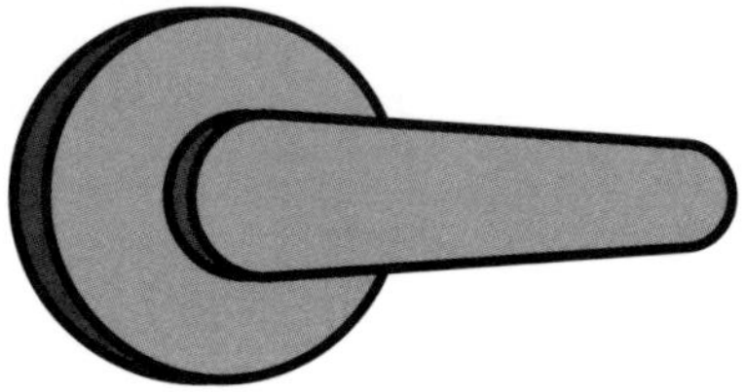

本書再三提到基恩斯的原因，是因為這家公司取得驚人的成就，其中最重視的就是「創造高附加價值的產品，提供給客戶」。

只要深入探究基恩斯與其他公司的不同，進而掌握其中的祕密，自然能找到創造附加價值的方法。

在解讀基恩斯這家企業的本質時，必須先了解一個概念。

這個概念就是我一直提倡的「**結構創造成果**」。

這句話也是我上一本著作的書名，意思是說：「成果是由結構，也就是機制創造出來的」。

在說明這個概念之前，希望各位先知道一件事：「**我們都是受到『結構』的引導而行動的。**」請看【圖表八】。

現在，你必須走到那扇門的後面。

如果門把長這樣，你會怎麼轉動它？

這種形狀的門把，大多是向下轉，對吧。

也就是說，我們通常會根據門把的形狀，來採取一定的行動。

沒錯，我們平常都是受到許多「結構」的引導來行動。

當你注意到這一點，將能看見生活周遭的無數個結構。

我再舉幾個我們受「結構」引導而行動的例子吧。

■ 停車場有畫白線時，駕駛會把車子停進白線裡。

■ 椅子上放著座位卡時，會依照上面的指示就座。

■ 排隊結帳時，如果地面有畫線，會照著畫線的距離排隊。

相信各位已經了解，我們都是受結構的引導而行動的。

那麼，受結構引導而採取行動後，這個行動會對什麼產生影響呢？答案是，在行動前方的「成果」。

換句話說，結構創造行動，行動創造成果，最終形成**結構創造成果**。

這裡說的成果，可以理解成「創造並提供附加價值」。

也就是說，一家企業能否為客戶創造附加價值，取決於該企業內部的各種「結構（機制）」。

外傳基恩斯的員工到職兩年後，年薪就能超過一千萬日圓（但不同時期有不同的金額）。至於是不是公司的所有員工，都具備獲得這種年薪的**能力和技能**？

因為我自己也待過這家公司，所以可以很肯定地回答這個問題，答案是「NO」。

那麼，為什麼基恩斯能付出這麼高的薪水？

答案就在這個「結構創造成果」的概念中。

換句話說，基恩斯組織內的所有結構，包括銷售、產品企畫和開發、市場行銷和促銷、人事等，都已成為「**能為客戶提供附加價值的結構**」，不僅靠員工個人的能力和努力，也靠整體結構來讓所有員工創造成果。

要了解基恩斯的本質，就要解開這家公司的整體組織結構，包括從創立以來一直相當重視的經營理論、不動如山的結構設計，以及其相關背景等。

而這正是最重要的關鍵。

本章將解開基恩斯公司的組織結構。

我原本想把結構創造成果說得仔細一點，但本書的主題是附加價值，礙於版面有限，就先寫到這裡吧。

不過，我在《結構創造成果》（構造が成果を創る，中央經濟社）一書中有詳盡的介紹，有興趣的人不妨參考一下。

請記住，只要結構健全，就能一再複製下去，持續創造附加價值。

重點 1

解開「基恩斯的結構」，是了解其本質的關鍵。然後，便能看見成為高附加價值企業的方法。

最少的資本和人力，最大的附加價值

基恩斯在經營管理上最重視的理念是：「**以最少的資本和人力，創造最大的附加價值。**」具體來說是什麼意思？我舉一個容易了解的例子來說明。

①銷售額五億日圓，利潤一億日圓。

②銷售額三億日圓，利潤一億日圓。

兩者的利潤都是「一億日圓」。

此處請將利潤視為附加價值。

站在經營管理的角度，你認為①和②哪個比較好呢？

如果從銷售額來看，應該是①吧。

但如果從基恩斯的經營理念「以最少資本和人力，創造最大附加價值」來看，②比較好。

原因是，②實現了「**利潤相同，但花費的資本、勞動工時較少**」。讓我來解釋一下這個邏輯。

銷售額減去利潤，就能算出成本（資本和生命時間）。

①的話，為了賺到一億日圓的利潤，要花掉的成本是：

五億日圓－一億日圓＝四億日圓

反觀②，花掉的成本只有①的一半：

三億日圓－一億日圓＝二億日圓

這裡，我們假設花費的資本占銷售額的五〇％好了。

那麼，①花費的資本是五億日圓×五〇％＝二・五億日圓，

但②則是三億日圓×五〇％＝一・五億日圓。

再來想想勞動工時，以時薪二千日圓來算。

①的人事費用：

五億日圓－二・五億日圓－一億日圓＝一・五億日圓。

接著將人事費用除以時薪，來算出實際的勞動工時：

一・五億日圓／二千日圓＝七・五萬小時

②的人事費用：

三億日圓－一・五億日圓－一億日圓＝○・五億日圓

用同樣方式來計算實際的勞動工時：

○・五億日圓／二千日圓＝二・五萬小時

比較一下①和②，就知道兩者的實際勞動工時相差了三倍。

也就是說，利潤相同，②所花費的成本較少，效率更高。這就是基恩斯所秉持的經營理念：「用最少的資本和人力，創造最大的附加價值。」

圖表 9 若利潤相同，以花費較少的資本、勞動工時為佳

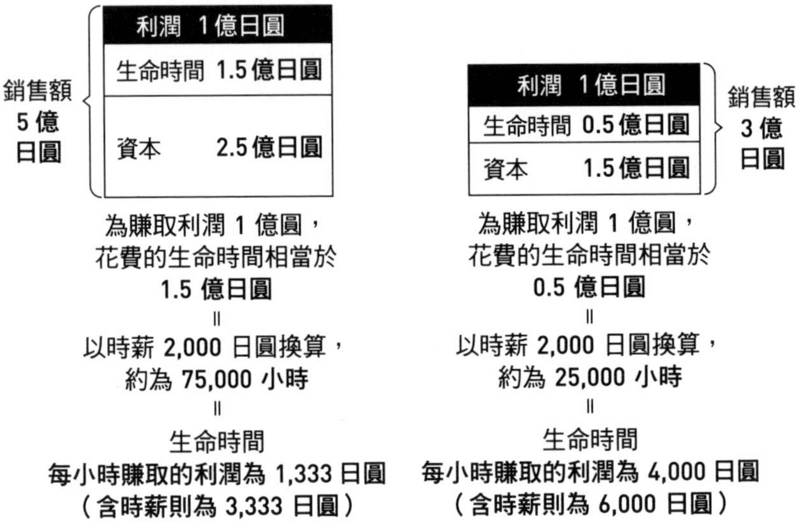

徹底追求並貫徹這個理念，讓基恩斯給得出平均年收超過二千萬日圓的高薪，遠遠超過其他公司。

我們再拿市值排名前段班的日本企業和基恩斯進行比較。

以撰寫本書的時間點為準，基恩斯的市值約為一二・五兆日圓，索尼的市值約為一三・五兆日圓，

ＮＴＴ的市值約為一四．三兆日圓。

索尼的員工數十一萬人，ＮＴＴ的員工數約三十萬人。而基恩斯的員工數大約是九千人。

以每名員工的市值來看，基恩斯約為一．四億日圓，索尼約為〇．一二億日圓，ＮＴＴ約為〇．〇四億日圓。（由於市值不斷變化，精準的數字請上專業網站確認）

看到這些數字，各位或許覺得基恩斯的做法與「大量創造就業」觀點背道而馳，但在未來勞動人口勢必減少的前提下，對於必須更講求效率的日本，這個理念實在太重要了。

重點
2

基恩斯最重視的經營理念就是：

「用最少的資本和人力，創造最大的附加價值。」

基恩斯式思考法——市場導向

現在正式進入主題。為什麼基恩斯能夠創造出壓倒性的附加價值呢？就讓我們直擊他的核心部分吧。下面是我整理出來的三個關鍵字。

①市場導向型
②高附加價值的標準化商品
③世界或業界首創的商品

①市場導向型

基恩斯會以市場導向來企劃新產品。在產品開發出來之前，會徹底探究這些問題：為什麼顧客會買？他們真的會使用這個產品嗎？真的會用到產品的功能嗎？會真心覺得好用嗎（解決問題和困擾）？怎麼個好用法？

或許有人覺得「這些我們公司也有在做啊」，但基恩斯追根究柢的程度，完全異於他社。

②高附加價值的標準化商品

基恩斯做的不是特製品，而是「標準品」。儘管如此，在製造之前，他們都會親自到現場做市場調查，直接找出客戶的潛在需求。因為有這個機制，他們才能做出具備最大公約數的規格及功能，並達到高附加價值狀態的標準品。

③世界和業界首創的商品

基恩斯透過徹底的課題解決式銷售，發掘「顧客尚未意識到的潛在需求」，創造出具備「前所未有附加價值（新創造價值）」的商品，即世界和業界首創的商品。

這個「世界和業界首創的商品」，不但找出連顧客自己都沒意識到的潛在需求，並且實踐了解決該需求的方法。

有趣的是，為達成這個目標，基恩斯重視的不是「世界第一的先進技術獲得廣泛使用」這件事。

而是重視顧客如何使用該商品，換言之，他們製造的是「**連顧客『如何使用』都考量在內的商品**」。那麼，讓我們一個一個看下去吧。

首先是①「市場導向型」。

市場導向型，指的是優先考慮「市場和顧客的需求」後，再進行企畫、開發和生產。與之相反的「產品導向型」，則是企業會先思考「想做什麼樣的產品？」、「可以用自家公司的特色做出什麼樣的產品？」後，再進行企畫、開發和生產。

以產品導向模式做出來的產品，有可能變成之前提到的高性能洗衣機，比起滿足消費者的需求，製造方的想法更偏向「利用本公司的技術做的洗衣機肯定會大賣」。

產品導向型的優點是善用公司強項來製造創新的產品。當然，以產品導向模式製造產品時，企業都會進行各式各樣的市場調查。

但是，從提供顧客高附加價值這個面向來看，市場導向型會比產品導向型更有利。

因為市場導向更容易掌握到附加價值的來源，也就是顧客需求。

基恩斯做的都是市場導向型的新產品企畫和開發，徹底聚焦在顧客的需求上。

他們製造新產品的出發點是「需求」，亦即「客戶的困擾」，而非「商品的強項」。而且會**在開發之前徹底研究客戶有哪些困擾，因此往往比客戶更了解需求在哪裡**。

為什麼能比客戶更了解客戶的需求呢？因為他們會到客戶的工廠（包括

海外），竭盡所能地調查現場人員的困擾。不過，光憑這樣還不足以壯大成如今的規模。

當他們掌握到客戶的需求後，在著手商品企畫之前，他們會同時考量社會和業界整體趨勢，分析如何運用公司的技術優勢來製造產品，並針對製造同樣產品的競爭對手進行調查和分析。

一方面進行綿密的分析，一方面根據掌握到的客戶需求提出假設：「應該做出這樣的商品才對」，接著投入商品企畫。

不過，這個階段仍然屬於產品導向的範疇。

基恩斯之所以被譽為日本一流的市場導向型企業，原因在於提出假設後、實際進行商品開發之前，會**進一步驗證該假設是否真的成立**。

他們會重新去客戶那裡詢問：「我們要是做出這樣的產品，你們會買嗎？」、「我們覺得這個產品能幫助貴公司解決某個困擾，您覺得如何？」

圖表 10 基恩斯投入開發商品的前置作業

	調查內容	調查範圍	
創意（發想）	・所知範圍內的市場調查 ・所知範圍內的趨勢、種子（Seeds）[1] 調查	朋友、客戶、網路	憑想法進行的商品化
提出假設	・徹底的市場調查 ・徹底的時代主流與微型趨勢調查 ・徹底的種子調查	合乎發展規模的市場調查	
主題設定（更精準的假設）	在眾多題材中，找出應該上市的產品，然後設定主題。		產品導向型企業的商品化（一廂情願的商品化）
市場導向型市場調查	・真的會買嗎？ ・真的會用嗎？ ・使用後，真的覺得好用嗎？ 直接問客戶這三個問題，進行徹底調查，以確認前面的假設是否正確。		
市場導向型新商品的商品化決定	經過一連串商品化的討論後，進一步縝密地計畫商品上市後的投資回收期間及利潤等。		在新商品企畫階段完成PMF的市場導向型商品企畫

也就是說，當他們打算製造某項商品時，會直接確認客戶是否真的覺得那項商品有用、能不能真的解決客戶困擾的問題。

在基恩斯，一定是確認自己的假設無誤後，才會正式進入商品開發。這就是市場導向型的想法及做法，也是其他企業難以模仿的優勢。

重點 3

基恩斯的三個關鍵字：①市場導向型、②高附加價值的標準化商品、③世界和業界首創的商品。

1 【編注】種子（Seeds），以行銷領域來說，意指足以成為商品或服務開發要素的技術、實踐知識（know-how）、特別的素材或材料。

需求和利潤缺一不可的「標準化」

接下來說明②「高附加價值的標準化商品」之前，請各位先了解一個重要觀點。

那就是**思考市場原理和經濟原則十分重要**。

這也是基恩斯經營理念的核心之一。

考量市場原理，指的是「徹底思考市場（客戶）會買什想？如何使用？在什麼時候會感受到價值？其中的原理是什麼？」

而經濟原則指的是「評估如何做才能創造出最大的利潤？然後以這個答案來做決策。」

換句話說，不是根據個人的判斷和解釋，而是以市場原理和經濟原則為基礎來思考。這種思考方式極為簡單，但意義非凡。

為什麼？因為**企業端的個人判斷和解釋，經常與市場不一致**。

正因為如此，**必須持續了解市場（客戶）的原理**。

如果只注重「經濟原則」，只顧著提高利潤，你的生意就有可能得罪市場。

反之，如果只是遵循市場原理，便會做出針對客戶需求的特製品。特製品算是很接近市場導向的商品。

但是，花費龐大的時間和金錢，做出只有特定公司能用、別家公司不能用的商品，根本賺不了錢，故不符合經濟原則。

如果持續做特製品，就算能有一定的獲利，足以擴大公司的規模，依然有其限度。

因此，先探究市場原理，再考量經濟原則，才能贏得客戶的支持並創造收益。

希望企業都能朝這個方向前進，一旦成功實現，將帶來了不起的收穫。

基恩斯向來以同時符合「市場和經濟」原則的方式來製造商品。雖然他們會依照特定企業的需求來製造商品，但並不是只有該企業才能使用的特製品。

他們的做法是，**解決該企業困擾的問題，同時做成其他企業也能使用的「標準品」**。

換句話說，其他公司會做成特製品等級的商品，基恩斯則會把它做成標準品。

為什麼他們做得到？

這是因為基恩斯人員比其他競爭對手了解更多的案例，熟知許多企業面臨的困境。而能夠注意到：「咦？這家客戶面臨的困難，其他公司也有。」

然後企畫並開發出既能滿足客戶的需求，又能實現標準化的商品。

將這些規格和功能整合成標準型商品，就是基恩斯用來實現潛在需求的方式。

結果，他們不僅成功解決客戶所面臨的問題，還不需要製造高成本的特製品，便能增加銷量進而獲利，這就是同時符合市場和經濟原則，才能創造出來的成果。

順帶一提，為什麼有些企業只會做出特製品呢？這是因為當客戶說：「我們這一行很特別，所以只有我們有這樣的困難……」他們便照單全收，然後做出特別到別人無法使用的商品。

「特製品＝搔到客戶癢處的商品＝滿足客戶需求」，乍看之下，這似乎能提高客戶的滿意度，但特製品很難賣給其他公司，生產數量有限，還會大幅拉高製造成本和管理成本，價格自然昂貴。

基恩斯會思考某項功能是否具有通用性，或者能否與其他功能進行整併或分散，重視核心需求，並致力於標準化以達到降低成本的目標。最終讓客戶享受到價格、交貨期、取得維修零件等方面的好處。

基恩斯會從需求逆推回來製造商品，對客戶提供附加價值的同時，也成功提高了生產力和獲利。

這就是基恩斯創造附加價值的核心策略。

重點 4

基恩斯以同時符合市場原理及經濟原則為前提，製造出標準品。

打造「首創」的附加價值和差異化策略

最後一個關鍵詞是③「世界和業界首創的商品」。

基恩斯會先找出「顧客的潛在需求」，接著產出具有「尚未創造出來的附加價值（新創造價值）」的商品，即「世界、業界首創的商品」。

令人驚嘆的是，**基恩斯的新產品中，有七〇％是世界或業界首創。**

對基恩斯來說，世界或業界首創是理所當然的事。

即使到了現在，他們每年仍不斷推出世界或業界首創的新產品，這就是其強項。

說到世界或業界首創，或許會讓人以為是利用前所未有的專利技術、製造出很難製造的產品。但事實上這裡說的首創，不是指在性能面（技術面）上，具備世界和業界第一的高性能。

而是藉由徹底了解客戶的使用方式，深入挖掘問題和課題後，再完成前所未有的功能和規格，解決懸而未決的問題。

比起使用最頂尖的技術，不如充分結合創意和功能，針對客戶的需求提供解決方案。

只要能滿足至今無人滿足過且未知的顧客需求，而且是自家公司和別家公司都沒製造出來的商品，就稱得上世界和業界首創。

基恩斯為了了解客戶的潛在需求，不斷深入挖掘未知部分，持續進行探索。正是這份努力不懈，才能一再創造出高附加價值的商品。

致力於創造出世界或業界首創商品的意義，不單純是為客戶提供高附加價值而已。

同時，還要與對手公司的商品做出差異化。而且只要是世界和業界首創的商品，在無須跟其他公司進行比較之下，基本上不會陷入削價競爭。

換句話說，基恩斯透過製造世界或業界首創的商品，**也達成了附加價值和差異化策略**。

簡單地說，附加價值策略是「我們對你有幫助的策略」，而差異化策略是「我們與眾不同的策略」。

請以同時實現這兩種策略為目標。

事實上，生意做不好的人（或公司），大部分都只考慮到這兩種策略中的其中之一而已。

如果只考慮附加價值，也就是僅僅告訴客戶：「這個商品對你有幫助喔。」那麼客戶會有什麼反應呢？

客戶可能會說：「謝啦！真的很有幫助。但別家公司也說『我們的商品很有幫助喔』，所以能不能再給我一點折扣呢？」

另一方面，如果只考慮差異化策略，也就是僅僅告訴客戶：「我們家的商品和別家不一樣。」客戶會有什麼反應呢？

客戶可能會說：「謝啦，確實與眾不同。但這種差異對我們來說不重要，別家公司也可以啊。」

重要的是，要明確地告訴對方：「這個商品對你有幫助，而且只有這個商品才做得到！」

不只基恩斯的銷售員，頂尖的銷售員和頂尖的市場行銷人員，都明白同時達成這兩者的重要性，所以向客戶提案時，務必明確告知這一點。

這樣做就不會被「貨比三家」，而捲入價格競爭中。

透過製造世界或業界首創的商品，同時實現附加價值和差異化策略。這種結構和機制已然確立，持續至今不曾改變。

這就是基恩斯的過人之處。

重點
5

基恩斯早已確立一種製造出世界或業界首創商品的機制，且同時達到提高附加價值和差異化的策略。

確保所有人都在做所有的事情

閱讀到這裡的讀者中，或許有人會想：「我們公司也是市場導向型，會去找客戶的需求，開發符合需求的產品」、「我們也有在做標準化啊」、「我們也有同時考慮市場原理和經濟原則呀」。

然後，或許有不少人會問：「我們也都有做這些事，為什麼沒辦法變成像基恩斯那樣的企業呢？」

確實很多企業都在做和基恩斯「同樣的事情」。

但是，基恩斯和其他公司之間存在著根本性的差別。

這個差別在於，**是否徹底進行結構化，追求可重複性，同時確保所有人都在做所有的事情**。

許多企業可能有在做某件事，但不是**同時在做所有的事情**。又或者，即便公司裡有某個人在做，也不是**所有人都在做**。

例如，雖然進行了標準化，但差異化策略方面較弱；雖然實現了差異化，但與經濟原則不符；銷售部門在進行，但非生產部門卻未參與等等，總是欠缺了某個要素。

另外，即便有人說：「我們不斷聆聽客戶的需求和困難。」但其實只聽到顯在需求，未能深入挖掘潛在需求。

當然，也有些人能夠徹底發現潛在需求。但通常**只有一部分人做到而已**，並不是整個組織的每個人都在發掘「潛在需求」。

「同時且所有人都在做所有的事情」正是基恩斯創造附加價值的優勢。其他公司無法做到「同時且所有人都在做所有的事情」，自然無法建立出可讓組織全體一起創造附加價值的結構。

其中，出現最大差別的就是銷售員。

有些銷售員會問客戶：「你們公司會在什麼地方使用這個商品呢？」以客戶的立場來說，肯定認為：「我哪知啊，你要來賣這個產品，不是應該你來告訴我嗎？」

但如果是基恩斯的銷售員，他們會提出這樣的建議：「貴公司的這家工廠有這個設備對吧？這個設備目前的性能是這樣，可能存在這樣的問題。我們公司剛剛推出這款搭載業界首創功能的感測器，只要導入這種感測器，過去你們是這樣的狀態，從今以後就會變成這個樣子，生產力整個提高了。」

於是客戶會說：「原來如此，你說的沒錯。唉呀，真沒想到可以這樣，不愧是基恩斯，真是細心又周到！」

這是一個高水準的提案，許多公司的頂尖銷售員可能都做得到。

但是，像基恩斯這樣，所有銷售員都能做到的公司可能不多吧。

重點 6

基恩斯的關鍵優勢「徹底進行結構化，追求可重複性，同時確保所有人都在做所有的事情。」

基恩斯式銷售，獨特在哪裡？

讓我們更仔細地看一下基恩斯的銷售方式吧。

我大學畢業後進入基恩斯擔任「技術銷售員」，而我所在的部門負責銷售一種先進的掌上型條碼讀取器。

這種掌上型條碼讀取器比較特別，必須先讓客戶了解如何使用讀取到的數據，並協助他們進行相關程式的編排等，他們才可能購買。

話雖如此，要從零開始，教導所有銷售人員學會程式設計、電腦網路等技術面知識，讓他們都能向客戶進行解說，實在太沒效率了。

因此，這個任務就交給既有技術面的知識，又能像銷售員般進行解說和提案的技術銷售員，來向客戶詳細解說產品的功能及使用方式。

相信其他製造商，也有跟一般銷售員有所區別的技術銷售員。但基恩斯的不同之處在於，不論是一般銷售員或技術銷售員，他們的**守備範圍都比他社的銷售員或技術銷售員更廣**。

其他公司的銷售員，可能以純銷售專業居多，對技術面並不在行。但基恩斯的銷售員，在技術方面，遠比其他公司的銷售員要內行得多。

而且，基恩斯的技術銷售員不但懂技術，也能以專業銷售員的身分，聆聽客戶的需求並進行提案。換句話說，在基恩斯**一般銷售員和技術銷售員的守備範圍有高度的重疊**。

舉例來說，基恩斯的銷售員向技術銷售員請教：「這部分的系統是這樣對吧？」技術銷售員回答：「是的，沒錯。要不要我陪你一起去拜託客戶？」銷售員會說：「不用了，我知道是這樣子就好，我可以自己去向客戶說明。」然後單槍匹馬去拜訪客戶。

如果是別家公司的銷售員，恐怕會說：「我不太了解技術方面的事情，你能不能陪我一起去向客戶說明？」況且，只要走錯一步，銷售員就會淪為連絡客戶與技術銷售員，如「傳聲筒」般的存在了。

反觀基恩斯的銷售員，不僅是客戶和公司之間溝通的接點，還是解決客戶問題的起點，因為他們會找出客戶的需求，思考如何將需求進一步商品化以解決問題，然後提出合適的方案。

因而，在一般銷售員和技術銷售員的人數比例上，基恩斯明顯與其他公司不同，他們的技術銷售員比例極低。

因為每個銷售員都能夠進行技術面的討論，自然可大幅減少技術銷售員的人數。

身為一名顧問，我接觸過各種企業，發現基恩斯的技術銷售員比例，似乎是其他公司的數分之一而已。

這不是在比較基恩斯銷售員和其他公司銷售員的優劣。

只是在說明，和其他公司相比，**基恩斯的銷售員不僅人數占比不同，責任分配也不同。**

其他公司都是角色和責任劃分清楚，但在基恩斯，一般銷售員和技術銷售員的角色及責任可說是無縫接軌的。

這就是基恩斯在銷售上的特殊機制。

無論是哪家公司，銷售員都是在探索客戶需求，並提供附加價值的最前線尖兵，肩負著重要使命。

有關創造附加價值的銷售員有多重要，以及在銷售領域探索客戶需求的具體方法，我將在第五章詳細解說。

重點 7

觀察基恩斯的結構，可以發現每個職位的守備範圍有大幅交集。

毫無破綻的數字結構

我們從各個面向探討基恩斯與其他公司的差異後，相信各位已經明白，最根本的的差異就是在「組織整體的結構（機制）」。

正如前述，基恩斯的優勢在於「徹底結構化，追求可重現性，同時確保所有人都在做所有的事情」，換句話說，就是**結構毫無破綻**。

如果你覺得很難順利效法基恩斯的話，請檢查一下自家公司的結構。不過，你可能會很遺憾地發現，總有某個地方存在著「事情做不到位」或者「有人沒在做事」的破綻。

反觀基恩斯，他們在創造附加價值的結構上，沒有任何破綻。

即使我現在已經成為一名管理顧問了，對於這種貫徹到底的優秀機制化，依然感到敬畏不已。

那麼，為什麼基恩斯會沒有破綻呢？原因很多，但其中最重要的因素是該公司的企業文化。

基恩斯有個根深柢固的企業文化，就是**用數字判斷一切**。

不過，不是用忠誠度或熱情與否來下判斷，而是用可供客觀判斷的數字來進行評估。這麼做不僅能確保該判斷不受人為因素的影響，也提高了決策的透明度。

例如，基恩斯實施一種制度，從已發生的銷售利潤中，提撥一定的比例分配給所有員工。

這種制度有點類似員工持股制度，卻更加深入地將公司整體利潤，直接且立即地以個人報酬的方式回饋給員工。如此一來，員工每天的工作狀況，都能明確地反映在自己的報酬上。

人事評量制度也是如此，不光是成果，連行為和過程也都加以數字化，以便進行客觀的判斷，徹底落實數字化。

相較於個人的個體式努力，基恩斯更加重視公司體系，以及公司機制的價值。

藉由將一切數字化、視覺化，來為企業文化打底，再加上長年培養風氣和組織習慣，顯然有助於基恩斯建立毫無破綻的組織結構。因此，即便其他公司想要與基恩斯一模一樣，恐怕也不容易。

不過，如果你能將書中介紹的各種要素，那怕一個也好，導入你的組織中，相信你們公司一定能像基恩斯那樣，成為能夠創造附加價值的企業。

重點8

支持基恩斯的結構：

①以數字判斷一切、②長年培養的組織文化。

第4章

六大價值，抓住法人顧客的心

看清「在顧客之前的顧客」是誰

這一章，想針對面對法人顧客的「附加價值創造術」進行具體的說明。在B2B（Business-to-Business，企業對企業）的業務中，首先必須將「法人顧客感受到的價值」和「個人感受到的價值」分開處理。

一個人在進行是否購買的判斷時，大多會根據「這個看起來很好用」、「莫名感覺是我一直很想要的東西」、「似乎很方便」等動機來購買物品或服務。

但是，當對象是法人顧客時，光是這些原因，不會讓他們購買你公司的產品或服務的。

與法人顧客打交道時，除了要準確判斷他們感受到的附加價值外，還要

圖表 11 網路銷售公司與其顧客之間的關係

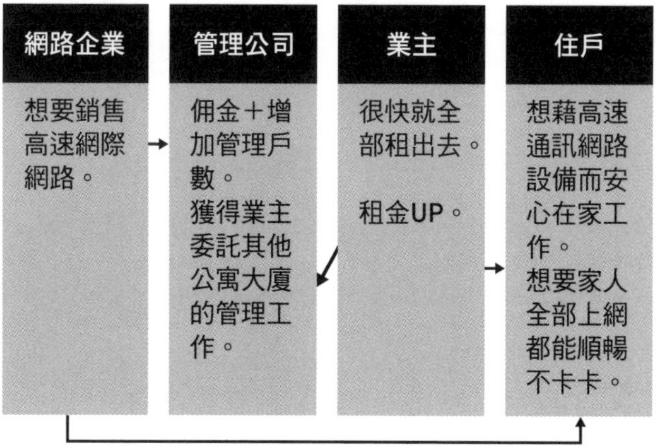
網路企業
想要銷售高速網際網路。
管理公司
佣金＋增加管理戶數。
獲得業主委託其他公寓大廈的管理工作。
業主
很快就全部租出去。
租金UP。
住戶
想藉高速通訊網路設備而安心在家工作。
想要家人全部上網都能順暢不卡卡。

將「法人顧客感受到的價值」和「個人感受到的附加價值」分開考慮。

我提供顧問服務的客戶中，有一家公司專門銷售高速網際網路服務。

該公司（假設為Ａ公司）的主要客戶是房地產管理公司Ｂ。

而Ｂ公司的客戶是公寓大廈業主，而每間公寓大廈業主的客戶，則是承租他們公寓大廈的住戶。

此處要特別注意的是，每一方所要的利益都是不同的。除了購買並使用A公司的網路服務這點相同以外，對B公司而言的利益、對公寓大廈業主而言的利益、對住戶而言的利益，完全不一樣。

我們來看一下各方的利益有什麼不同吧。

■ B公司：將聯網線路賣給公寓大廈業主後，每成交一件，都可以拿到A公司的佣金。

■ 公寓大廈業主：導入高速網際網路而吸引更多住戶，減少閒置空屋，還可因此提高租金和管理費。

■ 住戶：可以在便捷的網路環境中，輕鬆進行遠端工作、線上課程，以及觀看影片等。

就像這樣，即便是相同的產品或服務，對每一方而言的利益（附加價值）都是不一樣的。

所以，A公司的銷售員必須先考量到這一點才行。而且不僅要關注自家客戶B公司，還要關注在B公司前面的住戶，即**「在顧客之前的顧客」的利益**，看清楚「我要銷售的網際網路，其真正附加價值是什麼？」，這樣的洞察至關重要。

重點 1

應分開思考「法人」和「個人」顧客感受到的附加價值。

法人的利益來自「個人感受到的附加價值」

在剛才的例子中，如果我們綜觀整個流程，會發現以下事實：只要住戶對附加價值感到滿足就會很開心，只要住戶開心，公寓大廈就不會有閒置的空屋，業主就會開心。

最後，公寓大廈業主會對B公司說：「我還有其他的公寓大廈，那裡也想導入這種高速網路線路，可以請你們幫忙安裝和管理嗎？」於是B公司就能增加管理委託費的收入而開心了。

像這樣，以「個人感受到的附加價值」為起點，最終，在你眼前的法人顧客所感受到的附加價值，自然會獲得最大化的效果。

因為**法人顧客感受到的附加價值，是來自「個人感受到的附加價值」**，所以務必分別評估雙方在意的點是什麼。

從事B2B業務的人，大多以為要從眼前法人顧客的需求中，來找出附加價值。

但真正的附加價值不在那裡。真正的附加價值其實是在眼前法人顧客之前，位於更遠處的終端使用者，也就是在消費者的個人需求當中。

很多人不明白這一點，又或者是法人顧客之前的個人太過遙遠，以致於陷入「不清楚消費者心中的附加價值是什麼？」的情況。

因此，再好的產品或服務也難以如願賣出。

順帶一提，我的客戶A公司在充分了解這一點後與B公司接觸，成功將他們公司的高速網際線路導入某間公寓大廈。結果，公寓業主將每個月的租金調漲了五千日圓。

雖然只漲了五千日圓，但每戶每年就多了六萬日圓，如果有十戶，等於年收增加了六十萬日圓，五年下來就是三百萬日圓。這點對公寓大廈的業主來說，就是很大的附加價值。

B公司讓業主開心，進而獲得了其他公寓大廈的管理工作。

面對法人顧客，你的訴求和提案應該是這樣：「導入這項產品後，貴公司不但能拿到我們的佣金，還有可能獲得一種附加價值，就是從貴公司的客戶那裡拿到更多的收益。這是別家公司的成功案例，請過目。如果貴公司也能這樣，不是很棒嗎？」

這樣提案後，相信對方肯定會說：「原來如此，我知道了，那麼請你進一步說明一下。」

如果是餐廳這類的B2C（Business-to-Consumer，企業對消費者）業務，就更應該考慮眼前顧客所感受到的附加價值。

不過，如果你的工作是B2B業務，一旦看不到你所銷售的產品或服務，對實際上能使用的個人（終端用戶）有什麼樣的附加價值，你就看不到「應該創造的附加價值」在哪裡。

反之，如果找出附加價值，你公司的產品或服務就能在市場上實現差異化，並找到建立優勢的途徑。

重點 2

以「個人感受到的附加價值」為出發點，自然能將「法人顧客所感受到的附加價值」最大化。

價值的王道——提高生產力

法人顧客感受到的價值，可大致分為以下幾個方面：

①提高生產力
②改善財務
③降低成本
④避免或降低風險
⑤提升企業社會責任（CSR）
⑥提升附加價值

因為這裡列舉的六項要素，相互連動又相互交疊，難免會有一些重複，閱讀時留意這一點。

首先是①「提高生產力」。價值對任何型態的公司而言，都是最為在乎的王道。無論是中小企業還是大企業，無論是製造業還是服務業，共通的願望就是：「提高生產力！」

生產力應當用數字來表現。

量化生產力時，可以使用下面的計算公式：

生產力＝附加價值金額／總勞動時間

順帶一提，第一章提到，通常附加價值金額是以下方式計算出來的：

■扣除法：附加價值＝銷售金額－外部採購成本（原料成本、運輸費用、外包加工費用等）

■添加法：附加價值＝經常性利潤＋人事費用＋租金＋折舊費用＋財務成本＋稅金

根據「生產力＝附加價值金額／總勞動時間」這個計算公式，如果想提高生產力，可以考慮以下方法：

(1)保持總勞動時間不變，提高附加價值金額。

(2)保持附加價值金額不變，減少總勞動時間。

(3)同時進行①提高生產力和②改善財務。

(4)增加勞動時間對附加價值貢獻高的工作（增加高生產力工作的比例）。

圖表 12 生產力的計算公式

$$\text{生產力} = \frac{\text{附加價值金額（銷售金額－外部採購成本）}}{\text{總勞動時間}}$$

接著，想提高附加價值金額的話，如果是用扣除法來計算，可以考慮增加銷售金額，或是減少外部採購成本（原料成本、運輸費用、外包加工費用等）。

舉例來說，為了銷售公司的產品或服務，可考慮設立一個向潛在客戶，進行電話行銷的客服中心。

然後，藉由提高成交率、成交單價，以及客戶回購率，等方式來提高銷售金額。

如果能夠減少每通電話所花費的時間，使成交更加快速，自然也能提高生產力。

接下來，讓我們來看看製造業的現場。

請想像一下，物品不斷在工廠生產線上流動的情景。

假設人工處理的數量是每小時一百個。

假如在這條生產線上導入可自動處理的感測器，處理數量每小時增加到手動處理的十倍，也就是一千個。

如此一來，將能大幅減少勞動時間。

由於有些感測器可在無人狀態下工作，所以勞動時間就能減少至零。

總勞動時間減少，每小時的生產量增加，銷售金額自然提高。

以這樣的案例來說，雖然每個產品的附加價值金額不增不減，沒有改變，但總勞動時間大幅降低，生產力就會提升。

因此，若想提高生產力，不妨先從減少總勞動時間著手。

怎麼做才能減少總勞動時間呢？比較容易實施的機制有幾個，比如：數位化中的企業流程再造（ＢＰＲ）和機器人流程自動化（ＲＰＡ）等。

對法人顧客來說，如果能提高生產力，就會感受到這麼做很有價值。

此外，用數字來量化生產力提升這點相當重要，而且在接觸法人顧客時，要根據數字來向對方介紹商品和服務的相關方案。

重點 3

將「提高生產力」數字化。採取減少總勞動時間的對策。

變通的手法——改善財務

對法人顧客而言，僅次於提高生產力的重要價值就是②「改善財務」。財務包含許多要素，這裡想來談談與「現金流」有關的內容。

我前面提到生產力要以「數字」來呈現。至於改善財務的重點，則是以「時間」為軸心來思考。換句話說，**能夠有效控制何時收款、何時付款的時間點，就能改善財務**。

在財務上，收款和付款的時機究竟有多重要？

為了更容易理解這一點，我們就舉提供掃碼支付（QR碼和二維條碼）

圖表 13 **PayPay 的商業模式**

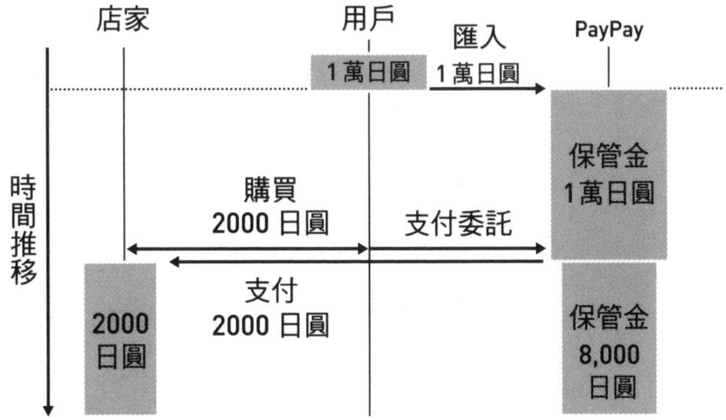

※從虛線到用戶支付委託這段時間，PayPay 都可以利用保管金 1 萬日圓，因此就算是虧損，財務也會變好。

的 PayPay[2] 為例。

PayPay 曾經辦過一陣子所謂的「一百億日圓大放送活動」。

這個標榜回饋消費者的活動，打出的口號是：「使用 PayPay 支付，回饋○%的消費金額！」、「每使用○次，就有一次獲得全額退款的機會！」

你可能會想：「回饋一百億日圓沒問題嗎？」

2 【編注】PayPay 為日本軟銀集團（SoftBank Group Corp.）開發的行動支付服務。

但對 PayPay 公司來說，支出一百億日圓根本不痛不癢。

為什麼呢？因為用戶支付的錢，已經先進到 PayPay 的口袋了。

PayPay 收到錢後，直到他們把錢用在回饋活動上的這段期間，已經有龐大的現金入帳。

假設有二千萬用戶每人進款五千日圓，總額就達到一千億日圓（本書撰寫當下，註冊用戶數已突破五千萬人）。

由於整個機制是現金入帳在前，回饋金支付在後，因此，**雖然一定期間內有所虧損（利潤在後期才產生），但靠這一大筆保管金，財務狀況堪稱非常良好。**

我們看一下 PayPay 的財務狀況，二〇一八年的淨資產為六百零七億日圓，但總資產為八千三百億日圓，存款為七千五百億日圓。

最近的淨資產則是五百八十九億日圓，比二〇一八年減少許多，但總資產為一兆五千八百七十一億日圓，存款為一兆四千六百一十七億日圓。

另一個可作為改善財務案例的就是超市，我們來看一下。

假設超市從食品製造販賣商那裡，以一百日圓買進蔬菜，然後以二百日圓賣出。超市支付給業者一百日圓的時間，最快也是月底結帳，下個月底付款，可對照【圖表十四】。

例如，在一月一日採購的蔬菜，以二百日圓賣掉，那麼支付進貨價格一百日圓的時間是在二月底，因此約有兩個月的時間，超市手上一直保有這二百日圓。

如果超市能夠跟業者交涉，將支付日期再延後一個月，對方也同意：「三月底付款沒關係！」超市肯定更開心。

如果這家超市的月營收額是十億日圓，平均進貨率是六〇％，那麼他將付出這十億日圓中的六億日圓給供貨商。

在財務上，支付六億日圓的日期是二月二十八日或三月三十一日，有相當大的差別。

如果能將所有款項的支付日期從二月二十八日延後到三月三十一日，那麼，一月的營收十億日圓加上二月的營收十億日圓，等於超市直到三月三十一日為止，可以握有總共二十億日圓的資金。

如果支付日期維持在二月二十八日，則手上的資金是十四億日圓。

這就是透過「**調整支付時機，來提高財務周轉率**」的基本改善財務思維方式。

不必向金融機構借款，而是巧妙地調整收款和付款時機，讓手上握有充裕的現金。

如果能夠實施這樣的改善財務措施，不僅對擁有豐富資金的大型企業，對一般中小企業而言，也是一件再好不過的美事。

圖表 14 調整支付時間，手上就有充裕的現金

■ 月底結帳，下個月底支付

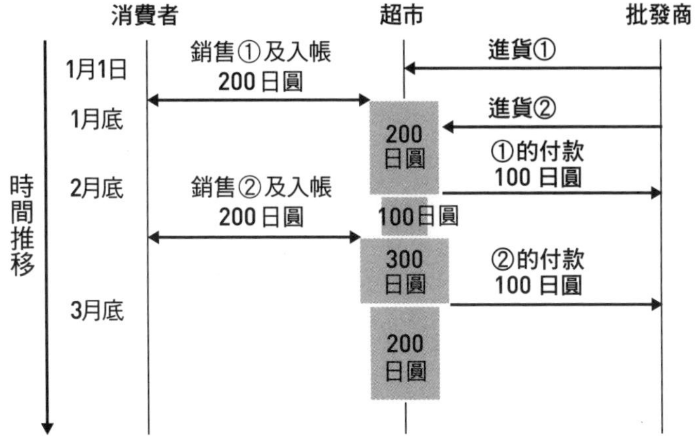

銷售①之後到2月底前，超市手上有200日圓；二月底後，超市手上則為扣掉①的付款後，還剩下的100日圓。銷售②之後到三月底前，超市手上有300日圓；三月底後，超市手上則為200日圓。

■ 月底結帳，下下個月底支付

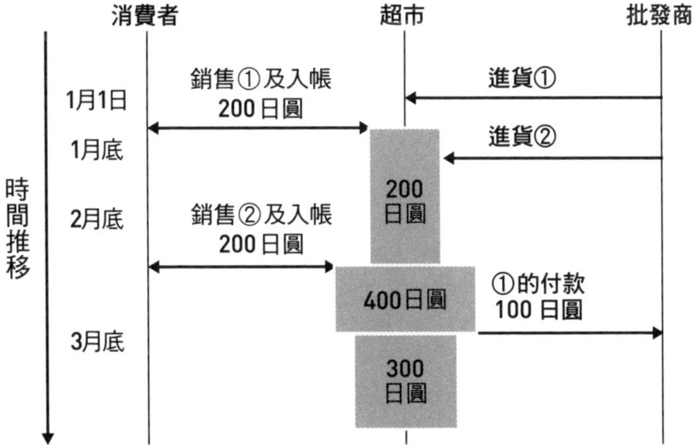

銷售①之後到二月底前，超市手上有200日圓。銷售②之後到三月底前，超市手上有400日圓；三月底後，超市手上則為300日圓。

與法人顧客接觸時，不妨先想想如何藉由改善財務，帶來巨大價值，再提出相關方案。

重點 4

掌握「時間」，是改善財務的重點。可從調整收款和付款的時間著手。

最容易理解的價值——降低成本

③「降低成本」，是法人顧客最容易有感的價值。

我們先來明確定義一下什麼是「成本」吧。

成本：為了創造附加價值而進行相關作業時，所花費的時間和金錢。

所以，降低成本指的是，在附加價值的量（附加價值金額）不變的情況下，**減少該作業所花費的時間和金錢**。

舉例來說，「目前簽約的電力公司，電費很貴，每度三十日圓，於是想換一家便宜的電力公司，讓每度降到二十日圓」，雖然也降低成本，但就只是降低單價而已。

當然，在思考降低成本時，要盡可能降低單價。

但光是降低單價，只能減少「錢」的部分而已。

降低成本最有效的是做法是**減少作業（量）**。

因為「成本＝作業所花費的時間和金錢」，如果不進行這麼多作業，就不會花費這麼多成本。可惜的是，很多企業都只考慮到降低單價而忽略了這一點。

如果你的目標是降低公司內部成本，第一要務就是，清點出公司所有能創造附加價值的作業。

然後，按照這些作業所花費的時間多寡進行排序，從花費時間較長的開始，一一檢視哪些作業**可以不做**、**可以合併**、**可以減少執行次數**、**可以自動化**，這四個項目中，只要能夠實現其中任何一項，就能夠大幅度降低成本。

下面是我從顧問師父那裡學到的案例。

某印刷公司X，為了降低成本進行了相關措施。它們的主要業務，包括銷售；設計、排版（DTP）和製版；印刷和裝訂；包裝和配送等項目。

X公司決定要降低成本時，對各項作業進行了詳細的調查，發現最耗時的作業是「印刷和裝訂」。

接著，X公司評估了「可以不做嗎？可以合併起來做嗎？可以減少做的次數嗎？可以自動化嗎？」這四個方向。

這裡有個思考的關鍵點，就是「**我們公司提供給客戶的附加價值是什麼？**」結果，X公司發現這件事：

對於客戶來說，由哪家公司來印刷並不重要，他們關心的是「**品質令人滿意的印刷品，能在希望的日期準時交貨。**」

我們提供的附加價值不是印刷技術，在印刷技術方面，老實說，我們根本贏不過大型印刷公司。

我們提供給顧客的附加價值是與地方的連結，傾聽客戶的需求，並專注於滿足客戶的期望。

因此，X公司最終決定「不做」印刷和裝訂，轉而考慮**外包給其他印刷公司**。

他們向幾家大型印刷公司詢問報價：「如果我們每月委託數十萬份印刷品，你們可以提供怎樣的優惠價格？」結果發現，他們自己印是每一張〇．八分錢，外包出去可以降價到〇．六分錢。

於是，X公司立即與大型印刷公司P簽約，將印刷和裝訂作業完全外包出去。最終，不但客戶的附加價值不變（甚至更好），X公司的作業時間更降至零，成功做到了大幅降低成本、提升利潤的成果。

此處值得注意的是，如果「印刷技術」是你公司的核心附加價值，就不能效仿X公司。畢竟，X公司的優勢不在印刷技術，才能採取那樣的方法並獲得成功。

降低成本，是任何法人顧客都有感也最容易理解的價值。

當各位想為客戶降低成本時，先確定你們公司能提供什麼樣的附加價值給客戶吧。

然後，找出花費客戶最多時間和金錢的作業，再提出可以採行「不做、合併、減少次數、自動化」的商品和服務方案。

順帶一提，使用這種思維方式來降低成本時，請記住，由於這是以較少的時間、產生同樣的附加價值，因而也同時達成了①的「提高生產力」。

重點 5

降低成本的最有效做法，就是減少作業（量）。

難以理解才更具價值──避免或減輕風險

④「避免或減輕風險」指的是，**避免尚未發生但未來可能發生的損失。**我在第二章提過「減輕風險價值（減輕感到痛苦的風險）」。法人顧客同樣有減輕及避免風險的需求，只要能滿足這個需求，自然會產生價值。

那麼，對法人顧客來說，到底有哪些風險呢？

具代表性的有資訊洩露風險、自然災害風險、系統故障風險，以及合規風險等。為了避免這些風險，積極採行營運持續計畫（ＢＣＰ）至關重要。

各位在接觸法人顧客時，首先應搞清楚該企業或組織中，存在著什麼樣的風險，要是風險演變成事故時，**需要多少時間和金錢來進行修復。**

然後，針對如何避免風險發生，以及不幸發生造成風險的事件時，應該如何避免實際的損失等，提出合適的商品和服務方案。

比方說，萬一發生資訊洩露事件，會有什麼後果呢？

不僅會損害企業的信譽，還可能因賠償問題和信用下降而導致業績惡化，這些都會造成莫大的金錢損失。資訊洩露的損害賠償金額，有時甚至高達數億圓，是所有企業絕對要避免的風險。

如果你是一家安全系統公司的銷售員，你應該向客戶說明：「一旦發生資訊洩露風險會怎樣」、「導入我們的產品和服務，可以防止風險發生的機率有多大」以及「如果發生，損失可能有多少」等問題。

這種情況的應對重點，是出示具體的數據和數字來進行說明。

舉例來說，我有一個專賣停電用蓄電池的法人客戶公司。

他們銷售這些蓄電池的方式，是先跟客戶說：「○年○月的○號颱風，在這個地區造成大規模停電，持續了很長一段時間，恐怕超過了○週，想必對貴公司造成相當大的困擾……」然後出示詳細的數據。

接著，向客戶說明如果沒有應急用的蓄電系統，可能會蒙受多大的損失，讓對方了解該商品具有多大的價值。

今天，即便導入多麼強大的電腦安全系統，還是會被有心人攻破。更別說地震、颱風等自然災害造成的損失根本無法避免。

正因為無法避免，必須事先預測系統遭破壞的情況，並且採取能將損失降至最低的措施；而專為預防此風險，而開發出來的某項產品及服務，就是法人顧客看中的價值。

此外，不要忘記我在第二章中談到的訴諸「**個人情感**」。

一旦發生重大問題，大企業的執行長很有可能丟掉職位。即便為了防止資訊洩露風險而耗資一億日圓，他們的荷包也沒有任何損失。從這點來看，對執行長來說，如果花一億日圓能夠保住職位，勢必會覺得很有價值。

人們總是關心萬一發生不測時，會是什麼樣的大難臨頭。很多經營者都覺得，能夠避免或減輕自身風險的措施非常有價值。因此，在向經營者說明時，應當訴諸情感，例如：「總經理，假如導入這項服務，即便發生意外狀況，能夠大幅降低您被追究責任的可能性喔！」

面對法人顧客，要從避免或減輕風險，以及個人情感兩個面向切入。避免或減輕風險的價值，除非親身經歷過該風險，否則很難立即感同身受。然而，希望各位明白，正因為它難以理解才更具有價值。

重點 6

不論個人或法人顧客，都會對避免或減輕風險的價值很有感。重點應放在「修復會花掉多少時間和金錢」、「個人情感」。

催生間接的影響力——提升CSR

⑤「提升企業社會責任（CSR）」，也是法人顧客很在意的重要價值。CSR＝Corporate Social Responsibility，意指企業應該履行的社會責任。

積極展開CSR活動，並在公司內外宣傳這種態度，就能有效提升「企業形象」。任何公司都會認為，提升自身形象是一件「很有價值的事」。

但重點是，接觸法人客戶時，要讓對方具體想像到，**透過CSR活動來提升企業形象，會發生什麼事？（會產生什麼附加價值？）**

CSR活動是以公司外和公司內兩個角度進行的。

也就是說，對外要宣傳「我們做了什麼對社會有意義的事情，我們是如何參與的」；對內則要宣傳「我們公司對員工承擔了什麼責任」。

公司規模大小不同，投入CSR活動的程度便有所不同，為提升股價等種種因素，上市公司絕對有必要展開對外的CSR活動。

比方說，宣布：「身為社會公器，我們會積極投入永續發展目標（SDGs）。」如果公司是經團聯（日本經濟團體聯合會）成員，可以表明：「我們十分贊同經團聯的理念，不會做出違反社會正義的行為。」並積極參與相關活動。

至於公司內部的CSR活動，如「完善福利制度」、「推動同工同酬」、「推動多樣化的工作模式，包括性別問題等」、「促進身心障礙人士就業」等，能夠做的事情非常多。

投入CSR活動有一個重點，就是明確訂立公司的方針，像是只要有做就好，還是要關心各項課題並積極投入。

舉例來說，以「我們積極提供女性員工可發揮的舞台」來說，只是「讓女性員工擔任主管」，或者是「實施各種可供女性員工發揮才能的方案，並取得豐碩的成果」，兩者的評價將完全不同。

不能只做表面，既然要做ＣＳＲ活動，就要做出足以廣為宣傳的成績，這樣才能真正提升企業的形象。

各位了解ＣＳＲ活動的重點後，我們進入正題吧。

剛才提到，「讓客戶具體想像從事ＣＳＲ活動會發生什麼事？（會產生什麼附加價值？）非常重要」。這裡有一個需要注意的地方。提升ＣＳＲ無法像「提升生產力」那樣用數字呈現，也就是難以進行定量評價。

那麼，要如何讓客戶理解「ＣＳＲ有助於提升附加價值」呢？

關鍵是讓他們理解，**提升ＣＳＲ能夠間接影響「降低成本」**、**「避免或減輕風險」**。

假設有一家公司不太投入ＣＳＲ活動，員工的福利制度不完善，對加班費的支付也不確實。這樣的公司一旦被評為「黑心企業」，即使招聘得到員工也留不住好人才。如此一來，公司將不得不支付高額的招攬費用給人才介紹公司。如果依然無法留住人才，就會耗費更多的時間和金錢。

恐怕，公司整體的生產力也會跟著被拖下水吧。

更甚者，信譽風險（由於風評或惡評擴大，企業的評價、信譽或品牌價值下降而蒙受損失的風險）也會增加，企業價值也會下降。

雖然無法計算損失多少，但總體來看勢必會造成龐大的損失。

CSR活動做得不夠的話，雖不會有直接的成本，卻會間接產生巨大的成本。若公司積極投入CSR活動，讓人們認為「那家公司真了不起啊」，自然會有大量的優秀人才湧入。這樣一來，不但能降低前面提到的成本，也能減輕風險，提升企業的價值。

然而，並不是所有企業都將CSR列為優先考量。

對於地方的小型企業而言，即便告訴他們：「如果導入我們的產品，就能對 SDGs 做出貢獻喔。」他們也可能會說：「不，在那之前，我們要吃飽就有困難了，現在不是搞那些的時候。」而加以拒絕。

在接觸法人客戶時，得先看清楚那家企業對CSR的重視程度。要知道那家法人顧客有多重視CSR，可以查看該公司的官方網站。如果看起來那家公司很積極投入CSR活動，就可以提出具體方案，讓對方知道你們公司的產品和服務，能夠如何提升他們的CSR成效。

重點 7

提升CSR很難做定量評價，故訴求重點要放在如何間接創造出「降低成本」、「避免風險」的效果。

價值×價值＝提升附加價值

最後，我們要談⑥「提升附加價值」。

提升附加價值的概念，簡單來說，就是**協助顧客提供附加價值給「顧客的顧客」**。

假設你的客戶是一家餐廳。這時，「顧客的顧客」是指前來用餐的客人。那麼，你就要思考，自己能提供給前來用餐的客人什麼樣的附加價值？該如何提升這種價值？

讓我舉一個具體的例子來說明。

對一家餐廳來說，初期投資中一定包含招牌，使用樸素的招牌或豪華的招牌，成本自然不同。

假設平凡無奇的樸素招牌要價五萬日圓，設計新潮的豪華招牌要價五十萬日圓。單純只考慮初期投資金額的話，肯定會選擇五萬日圓的招牌吧。

但是，請想像下面的集客效果。

①使用五萬日圓的便宜招牌，看招牌而來的人數為一天十人。

②使用五十萬日圓的豪華名牌，看招牌而來的人數為一天十五人。

不論①或②，店內的菜單都一樣，而且客人在入店之前，完全不知道菜單內容及服務品質。

因此，光是因招牌品質的不同，常常會像①和②那樣，讓來客人數出現明顯的提升。

另一方面，以②來說，由於客人的期待較高，即便菜單相同，商品價格貴一點也不成問題。

換句話說，**豪華招牌提高了整家店的附加價值。**

假定平均客單價為三千日圓。

如果使用五十萬日圓的招牌，雖然會多出四十五萬日圓的成本，但①和②的每天來客數相差五人。

我們來計算一下①和②的營業額。

五人×三千日圓＝一萬五千日圓，一年營業三百天的話，相當於一萬五千日圓×三百天＝四百五十萬日圓。

也就是說，一年的營業額相差四百五十萬日圓。

如果餐廳的製造成本占三成，附加價值占七成，等於增加的附加價值金額高達三百一十五萬日圓。

光看對招牌的初期投資，金額相差四十五萬日圓。

但是，從回收投資成本的角度來看，則是一年增加了「三百一十五萬日圓」的附加價值，是四十五萬日圓的七倍之多。

這就是所謂的提升附加價值，也就是協助顧客（餐廳）提供付價加值給「顧客的顧客（來店消費的客人）」。

如果你是專門向餐廳推銷招牌、廣告的銷售員，你應該這樣提案：「老闆，這個豪華招牌雖然要五十萬日圓，但連續使用一年就能提高大約三百萬日圓的利潤，您覺得如何？」、「使用我們家的豪華招牌，有助於進一步提高貴店的收益喔。」請向客戶大力強調，**可以透過價值×價值來提升附加價值。**

我也舉個基恩斯的案例吧【圖表十五】。

基恩斯販賣很多工廠用的感測器給裝置製造商。

也就是說，裝置製造商接到各家工廠的訂單，然後將安裝了基恩斯感測器的裝置賣給對方。

圖表 15 **基恩斯與裝置製造商的關係圖**

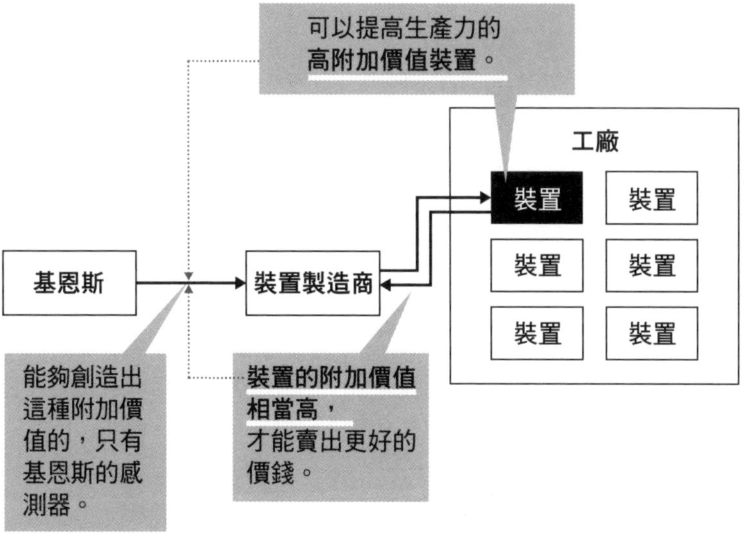

裝置製造商為什麼會跟基恩斯購買感測器，而不是向其他公司購買呢？其中有著各種原因。如「用別家的感測器，一天只能做出一千二百個，但用基恩斯的能做出二千個。」

即使用別家的感測器也能做出這個數量，不過「用基恩斯的感測器，做出來的產品會比其他家的更小，也就能降低成本。」等等。

基恩斯的感測器提升了裝置製造商（顧客）的價值，最終，也提升了經營工廠的公司（顧客的顧客）所在意的附加價值。

這裡有一點很重要，要跟餐廳的例子一樣，**要拿出具體的數字，向客戶說明能帶來的附加價值**。

在基恩斯，向客戶進行自家產品的課題解決式銷售（Consulting Sales）時，都會使用解說圖表，以數字呈現導入該產品後的效果等，具體說明能提升多少客戶所在意的附加價值。

要是只做抽象的說明，如「使用我們的產品，一定會提升附加價值」是不可能取得客戶信服的。

請務必記住本章的重點：看清楚「在顧客前面的顧客」所在意的附加價值、法人顧客感受到的附加價值來自「個人感受到的附加價值」，以及法人顧客感受到的六大價值。

重點 8

不僅要考慮「顧客」，還要考慮「顧客的顧客」。

第5章

需求發現法&附加價值的傳達法

創造附加價值的基本結構

我在第四章介紹了「附加價值創造法」，針對法人顧客感興趣的附加價值，做了詳細解說。

接下來，我想談談**組織如何建立附加價值的機制**。

雖然我用「組織」來切入，難免讓人以為是寫給經營者、管理階層看的，但其實並不是。

銷售、企畫開發、促銷、後勤等，無論哪個部門，都是組織的一員，都在為創造附加價值做出貢獻。

所以，希望各位以「作為組織的一員，我能創造出什麼樣的附加價

圖表 16 價值主義經營® 事業結構

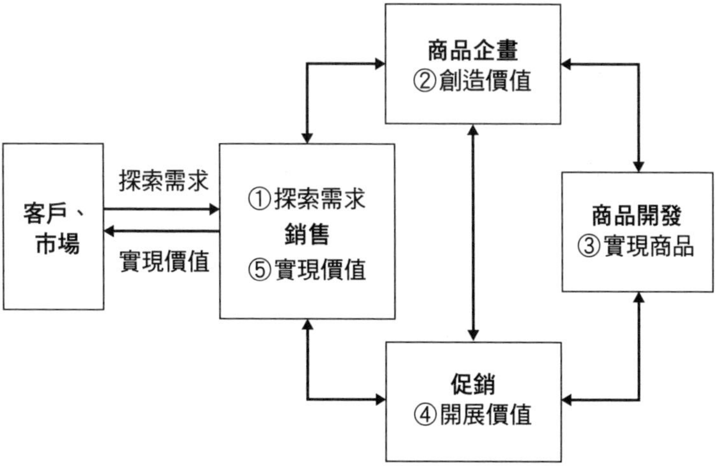

值？」來閱讀本文。

第五章中，我們要來討論「銷售」這個主題。

不過，讓我們先看一下，像基恩斯這種整個組織都在創造高附加價值的企業，究竟是採取什麼樣的機制。

作為一個組織，創造附加價值的機制就如【圖表十六】所示。

為方便起見，圖表中

僅以「價值」來代表附加價值。

①探索需求（銷售）
②創造價值（商品企畫）
③實現商品（商品開發）
④開展價值（促銷）
⑤實現價值（銷售）

這就是基恩斯創造高附加價值的組織基本結構，我稱之為「價值主義經營®事業結構」。

或許看起來有點複雜，但我想告訴大家的事情非常簡單，就是**整個公司組織都在創造附加價值，然後提供給客戶。**

我來簡單說明一下這個事業結構的整體概念。

首先，銷售員要探索客戶和市場的需求。掌握需求後，接著要思考能滿足該需求的附加價值是什麼、如何解決問題讓客戶滿意，這就是「②創造價值（商品企畫）」的階段。

創造出價值後，接下來就會進入實際形成這價值的「③實現商品（商品開發）」階段。

然後，思考如何推銷該商品、如何向客戶說明該商品的附加價值，展開促銷活動，這就是「④開展價值（促銷）」階段。

最後，銷售員將商品送到客戶手上或市場上，完全「⑤實現價值」。

【圖表十六】只列舉出銷售、商品企畫、商品開發、促銷等部門，但其實銷售事務、人事、總務等後勤人員，也在①到⑤的某個階段做出貢獻。

這個事業結構圖有一個重點，就是①到⑤不能各行其是，**每一關都必須相互連動才行。**

反觀那些做不出附加價值的公司，員工通常只做直接負責的業務，或者只看得見眼前的工作，主張「我只負責○○」或「我們部門只負責○○」。各行其是之下，最終讓整個組織陷入分裂狀態，無法有效地創造附加價值。

所有工作，都是為了創造附加價值後提供給客戶。

首先，建議你先思考自己位在這張圖表中的哪個位置，接著可以做些什麼。

然後好好思考，身為組織的一員，該如何為顧客提供附加價值？

重點 1

高附加價值的企業組織中，每一個人都是抱持著「為提供附加價值而貢獻心力」的理念在工作。

其實，越是業內人士越不熟悉業界

會對產品或服務感受到附加價值的是「客戶和市場」，為了得知客戶和市場想要的附加價值，最能夠深入挖掘、找到需求的，則是直接面對客戶的銷售人員。

每當有人問我，對這樣的銷售人員來說「最重要的什麼？」我都會回答：「銷售員的目的，是以引導客戶取得成功的態度為基礎，**協助客戶做出最適當的決定**，而非出售商品或服務。」

我在講座上問銷售員：「你們當中，有誰喜歡被推銷嗎？」幾乎沒有人舉手。相反地，當問到：「那麼，有人不喜歡被推銷嗎？」則有超過九成的人舉手。

換句話說，人們基本上「討厭」接受推銷勸說，從事銷售活動的人，應先清楚認識到**人們不喜歡被推銷**這個事實。

「銷售成功」不過是賣家的成功罷了。

當然，客戶不是在追求賣家的成功。

客戶要的是**自己的成功**。

不過，對於法人顧客來說，什麼是「自己的成功」呢？

像是，法人顧客提供的商品或服務能送到客戶那裡，再進一步賣給終端用戶。

如果能夠清楚對客戶傳遞「有助於獲得成功的訊息」，客戶不僅不會討厭推銷，反而會笑容滿面地說：「〇〇先生，歡迎常來啊，下次請你再多帶些好用的資訊過來喔！」

這類有助於「客戶獲得成功」的訊息，在市場中、在你所在的行業中，處處可見。

然而，客戶本身可能難以察覺。

因為業界的人其實並不熟悉業界。

更確切地說，他們會有一定程度的了解，但「超過一定程度」的部分，他們就不太熟悉了。

找出「超過一定程度」的資訊並告訴客戶，是銷售員的重要任務。

比方說，你是一家汽車零件製造商的銷售員。

你的直接客戶是T公司、N公司、H公司等汽車製造商。

這些汽車製造商的前面是許多汽車銷售店，再前面是終端用戶，也就是買車的客人。

由於T公司、N公司和H公司彼此是競爭對手，自然不會向競爭對手透露自家公司的經營策略，例如近期將推出什麼新車等資訊。

換句話說，每家汽車製造商都對自家汽車的銷售狀況十分了解，但對其他公司的最新動態就不太清楚了。這點在任何行業都是一樣的。

銷售員的重要任務，就是向「對業界不太熟悉的客戶」提供各種有助於客戶獲得成功的資訊，包括業界的相關消息等。

為此，銷售員必須經常拜訪客戶。

在基恩斯，銷售員會不斷拜訪客戶公司的所有工廠，持續提供訊息。

結果，通常令人皺眉的銷售員，也會因為提供有價值的資訊，而受到客戶歡迎。

重點 2

銷售員的重要任務是提供「有助於客戶獲得成功的資訊」。

明確、完全、無誤地，理解客戶的需求

找出客戶的需求，以便客戶做出最適當的決策，這是銷售員最重要的任務，而其中有三個絕對不能忽略的重點。

那就是對客戶的需求做到：

①明確地理解
②完全地理解
③無誤地理解

接下來是我對這三點的定義。

①明確地理解：對客戶的每一項需求都**具體知道那是什麼**，以及**知道為什麼那點很重要**。

②完全地理解：知道客戶的所有需求，以及**知道這些需求的優先順序**。

③無誤地理解：能夠**精準地描繪**客戶心中對需求的想像。

我們依照順序來看。

首先是「①明確地理解」和「②完全地理解」。

為了明確、完全地理解客戶的需求，必須做到徹底的徵詢意見。那麼，什麼是徹底的徵詢意見呢？我們來看一段個人客戶的對話例子。

假設你是一家網際網路公司的銷售員，正在徵詢客戶對於改善網路環境的意見。

客戶明確提出的主要需求有兩點，即**便捷的網路環境**和**享受優質的服務**。為了「明確且完全」地理解對方的需求，必須做到下面對話中範的徵詢意見（畫線部分是關鍵點）。

你　：「Z先生，您剛剛提到便捷的網路環境，具體來說，您希望便捷到什麼程度呢？」

客戶：「全家人同時上網時總是連不上，我希望這種情況不要再發生。」

你　：「那能不能請教一下，目前使用上是不是發生了什麼問題？」

客戶：「其實啊，如果我們全家人同時上網的話，連線就會中斷，這樣會影響到孩子用 Zoom 上課。」

你　：「這真的很不方便呢。您孩子有抱怨什麼嗎？」

客戶：「他會因為壓力大而發火，這樣一來，為了哄孩子高興，我老婆就會帶他出去吃飯……，所以我老婆的壓力也很大。」

你　：「辛苦了。之後的網路規格一定要避免才行。另外，您還提到希望有更優質的服務，具體來說，是指什麼樣的服務呢？」

客戶：「我們很常搬家，希望搬家後只要更改地址，就能繼續使用這個網路。」

你　：「原來如此。我知道了。請問您之前是不是遇過什麼問題呢？」

客戶：「我會突然接到公司的調職令而緊急搬家，已經好幾次了。這種時候，我就得重新和另一家公司簽約，會有解約金和安裝費用等問題，非常吃虧。因為我裝的是個人網路，公司不會補助，都要我自掏腰包。而且會有一段時間沒有網路，只能要家人先忍耐一下……」

你　：「所以您希望有針對這種情況提供的服務，對吧？」

客戶：「如果能這樣就太好了。」

你　：「好的，根據您剛才的描述，我們會提供一個快速穩定，全家人使用都不會斷線的網路，解決不開心的狀況，還有您太太的壓力。同時，為了減輕您搬家時的麻煩，我們會設計一個方案，避免不必要的手續和解約金。這樣可以嗎？」

客戶：「好的，那就拜託你了。」

這就是透過深入的徵詢意見，「明確、完全地」理解客戶需求的例子。

如果你能做到這般深入的徵詢意見，簽約率應該會超過九成。

這段對話中的重點，是針對客戶的兩項需求「便捷的網路環境」和「享受優質的服務」，掌握到**「具體而言那是什麼？」、「為什麼那點很重要？」以及「該需求背後的客戶背景和情況」**。

做到這樣的徵詢意見，你就能明確且完全地理解客戶的需求了。

這段對話雖然是以個人客戶為例，但企業客戶的狀況基本上也一樣。

舉例來說，假設有個客戶正在考慮引進五十部平板電腦。

對方可能會說「想要更方便的」、「想要容易使用的機型」等需求，那麼你一樣要徹底徵詢對方的意見，掌握到「具體來說是什麼？」、「為什麼那點很重要？」以及「該需求背後的客戶背景和情況」。

如果對方是個人顧客，通常覺得重要的「點」，往往與「情感面」的需求有關，徵詢意見時應特別注意這一點。

以前面那個安裝網路的例子來說，「孩子因為壓力大而發火」、「老婆的壓力也很大」、「搬家時要自掏腰包支付相關費用，讓家人忍耐一段沒有網路的時間（太痛苦了，想設法解法）」等，都是屬於情感面的需求。

另一方面，如果對方是法人顧客，則會較注重第四章介紹的「①提高生產力、②改善財務、③降低成本、④避免或減輕風險、⑤提升CSR、⑥提升附加價值」等六大要素。

因此，在徵詢意見時，一定要特別注意這些重點。

重點 3

徵詢客戶意見的重點是掌握「具體而言那是什麼？」、「為什麼那點很重要？」以及「該需求背後的客戶背景和情況」。

唯有親赴「現場」，才能對症下藥

接下來要談談③「無誤地理解」，一模一樣地描繪出客戶心中想像的需求，這也是三點中最重要的一點。

如果客戶心中的需求和你想像的有一點點「誤差」，你提供的附加價值內容（例如產品規格等），自然會與客戶的期待有所出入，也就無法創造出客戶真正需要的高附加價值。

「無誤地理解客戶的需求」究竟是什麼意思呢？

請想像一下，銷售員第一次與客戶洽談時，應該沒有看到「客戶周邊環境的整體情景」。

在這種狀態下徵詢意見時，客戶的言談中，可能會**片片斷斷地**提到與其環境相關的問題或課題。

但僅憑片斷的訊息，根本無法想像全貌。

換句話說，銷售員無法想像客戶的整體工作情景。

所以，唯一的方法就是「**親自到現場去看、去觀察、去體驗客戶所處的情景**」。

如果你是一家系統公司的銷售員，最好親自去客戶的辦公室，實際使用客戶的電腦。仔細觀察電腦中有哪些工具，內部系統有什麼問題，直接向實際工作的人員了解狀況。

那些拿不到訂單的銷售員，很多都不知道現有客戶或潛在客戶，實際上是怎麼工作的、過著怎樣的生活。

請務必前往現場，親眼看看客戶的工作情景，親身體驗。

然後，持續探索客戶的需求，直到能精準地描畫出客戶心中的需求樣貌為止。

重點 4

親自到現場去看、去觀察、去體驗客戶所處的情景，才能夠「無誤地理解」客戶的需求。

自認「我知道」的瞬間，就淪為二流了

假設你覺得「我能夠明確、完全、無誤地理解客戶的需求了。」千萬不能就此掉以輕心，因為需求的探索永無止境。

每次在講座上，我都會提醒大家一句話：

「需求的探索永無止境。
當你自認『我知道』的那一刻起，你就淪為二流了。」

只要你的工作和銷售有關，想提供符合客戶需求的附加價值，一定要記住這句話。當銷售員開始業績停滯不前，往往都是在他們覺得「我已經把這

一行差不多摸熟了」、「我很了解客戶想要什麼」的時候。

會說這種話的人，通常都賣不掉自家公司的產品，即便目前多少還賣得動，將來也必定陷入困境。

這種話不僅對業績不利，也對客戶非常失禮。

拿我的私人生活為例，如果我跟老婆說：「我完全了解妳了。」她應該會回嗆：「最好是啦！你不了解的事可多了！」

不過，若我對相處多年的老婆說：「我不了解妳。」這句話也很失禮。她一定會認為：「都在一起這麼多年了，你還不了解我嗎？」

會舉這種例子，只是想奉勸各位，銷售員務必抱持**「我對這一行和客戶有一定的了解，但還有很多不懂的地方，一定要繼續精益求精」**，不斷探索客戶的需求。

「我上網查了許多關於您和貴公司的事，雖然有些初步的了解，但關於〇〇，我覺得要再多收集一些資訊，才能做出最適當的提案，能不能向您請教幾個相關的問題？」

用這種態度面對客戶，相信對方也會覺得：「這個人很真誠，應對表現相當出色，果然是專業的。」

這就是一流銷售員的態度。

我常在講座上看到許多人露出「你說的這些我早就知道啦」的表情。如果你也是這種人，請你一定要知道**「我知道啦」這句話和態度的危險性**。

假設你對一名新進員工說：「〇〇，這樣做比較好喔。」

如果對方回答：「唉呀，那個我知道啦……」你會作何感想？

恐怕多數人會表面上露出微笑，說：「哦，你知道了啊，那就拜託你了！」心裡卻會不以為然地想：「我再也不要教這傢伙了！」

「我知道」這句話，說的人和聽的人的感想是完全不一樣的。說這句話的人可能是為了自我辯護，但對方可能解讀為**你在拒絕我的建議、拒絕我提**

供訊息。

如果你對客戶說：「我對貴公司這一行大致上都了解了。」或者即便沒說出口也表現出這樣的態度，那麼對方很可能會想：「既然你都了解了，那就趕快提出更好的建議，沒必要我再多說什麼了吧？」

這一刻起，你就沒辦法再從客戶那裡獲得更多訊息，自然無法掌握對方的需求。

徹底徵詢客戶的意見，持續探索客戶的需求。

這件工作永無止境，換句話說，你應該牢牢記住，不可能有「我完全了解了」的一天。

重點 5

探索客戶需求的工作永無止境。

會賣的人講「好處」，不會賣的講「特色」

對銷售員來說，與「探索需求」同等重要的任務，在於將商品送到客戶手上。

好不容易把商品做出來了，如果客戶不買單就沒意義。

為了讓客戶購買並使用商品，需要有出色的說明與提案能力，讓客戶了解商品的好用之處。

這裡有個重點：**區分商品的特色和好處，並向客戶說明清楚。**

假設有一名智慧型手機公司的銷售員，向客戶做了以下兩種說明：

①提供垃圾郵件阻擋服務，以及限制未成年人訪問有害或不適當網站的篩選功能。

②我們的智慧型手機，即使是您的孩子要用，您也可以完全安心。

你理解這兩種說明方式最大的區別是什麼嗎？

兩者之間的決定性區別在於：①講的是手機的**特色**，而②講的是手機的**好處**。一味地跟客戶強調像特色，通常很難提升銷售業績；但像②那樣強調的好處，業績肯定提高。

因為比起商品的特色，客戶更想知道的是商品的好處、使用這項商品能「獲得什麼幫助？」

如果站在客戶的立場來思考，你自然會將焦點放在好處而非特色上。

當然，講述特色有其必要，只不過，當你的訴求是向客戶說明商品具有的附加價值時，強調特色無法發揮太大的效果。

特色和好處的重大區別在於主語：

特色的主語是「我們」。

好處的主語是「客戶」。

在剛才的例子中，①的意思是「（我們）製造了一款配備這些功能的智慧型手機」，而②的意思是「（客戶）可以安心地使用」。

如果你說明的內容不是以客戶為主語，就無法感動他。

賣不好的銷售員總是說：「我們的商品有這些功能和特色，您要不要考慮看看呢。」然後客戶會回一句「喔，我考慮看看」便畫上句點。

如果對方是法人顧客，你同樣應該強調好處，如：「我們的商品擁有這樣的功能和特色，如果貴公司採用的話，內部的這個部分將會有這樣的變化，整個業務就會獲得改善。」這樣一來，對方很有可能認為：「原來如此，確實，這對我們很有幫助。」

講述好處的重點要放在「**客戶的生活或客戶的企業會產生什麼變化**」。

在日本以一句「保證效果，無效退費」宣傳標語，而聞名的個人健身房「RIZAP」，相信不少人看過他們的電視廣告。

RIZAP 的廣告，會讓觀眾看到體態雕塑前與雕塑後的差異，主打在顧客身上產生的「變化」。

因為他們很清楚，對客戶而言，最大的附加價值就是體態的變化。

身為一名銷售員，如果無法講述客戶將發生什麼變化，就不是合格的銷售員，只是個介紹商品特色的「傳聲筒」罷了。

我在講座上談這個話題時，有人會說：「我都只講自家商品的特色，但也都賣得還不錯喔。」

這時，我會告訴他們：「的確，也是有光聽到商品特色就買單的客戶。」並進一步說明箇中原因。

「光聽商品特色就買單的，都是『**聰明的客戶**』。因為你在講述特色時，他們會自行想像產品的好處：『喔，如果是這樣，我們公司可以這樣使用，然後，就會變成那個樣子……，原來如此，真的很不錯！』你或許會感覺賺到了吧。

「但是，這種客戶對你來說並不是好客戶。因為自己就能想像出好處的聰明客戶，他們接下來要採取的行動很清楚，就是**比價和討價還價**。因為他們能靠自己理解特色帶來的好處，也能進一步做調查。換句話說，你無法從這種客戶身上獲利。」

如果客戶光聽到商品的特色，便能自行想像出它的好處，就沒必要支付昂貴的價錢給你，所以下個動作就是殺價。

只會講述特色的人，通常成交率較低，成交的單價和利潤也較低。

重點 6

介紹商品時，應主打商品的「好處」。換句話說，能為顧客帶來什麼改變。

主動對顧客說明「會帶來什麼改變」

向客戶說明商品的好處時，常會出現一個重要的關鍵字：「**所以呢？**」

當你說完商品的特色後，如果沒有繼續說明好處，對方會這樣想：「所以呢？」這時，你必須清楚地說明這個問題的答案，也就是商品的好處＝將對顧客帶來什麼改變。讓我們來看幾個例子。

「圖像會自動顯示血壓和壓力狀態。」↓客戶：「所以呢？」

回答：「在您的醫院裡，它可以代替護理師自動發現急症患者，有助於風險管理。而且考量到人力成本的話，說不定每年能夠節省下大約一千二百萬日圓。」

介紹好處時，即便是同樣的產品，也要仔細思考對眼前的人而言好處是什麼，然後配合對方的狀況加以說明，例如：

「這個平版電腦的螢幕看起來很舒服喔。」↓客戶：「所以呢？」

針對A的回答：「就算視力不好也能看得很清楚。」

針對B的回答：「您可以一目瞭然。」

針對C的回答：「不熟悉也能很直覺地使用。」

「這台機器可以自動幫洗碗喔。」↓客戶：「所以呢？」

針對太太的回答：「太太，您說您的手洗碗洗到很粗糙，用這台機器來洗，您的手就不會再粗糙下去了。而且，您可以省下更多時間跟孩子相處，也能把時間留給自己好好享受喔。」

針對先生的回答：「太太的心情會變好。您下班後拖著疲累的身體回到家，就能安心度過在家的時光。」

在介紹商品的好處時，最好先精準掌握對方的需求再加以說明。

這才是所謂的**商品理解**。通常商品理解指的是「理解商品的特色」，但**真正的商品理解，是指理解該商品的特色，能為客戶帶來什麼樣的幫助，甚至是什麼樣的價值**。

之前我說過「需求的探索永無止境」，同樣地「**對商品的理解也是永無止境**。」

重點 7

說明商品的好處時，要主動告訴客戶「商品能帶來什麼改變」。

不以成本來決定價格

第五章的最後，我想告訴大家一個關於「創造價值」的重要觀點。

創造價值指的是如何決定「商品的價值」，然後向客戶說明。附加價值的高低要反映在商品的價格上。畢竟，**創造出非常高的附加價值，卻不能反映在價格上，那就沒意義了**。

向客戶提供高附加價值，卻不能同時提高公司的利潤，就不算是一家創造附加價值的企業。

關於附加價值與價格的關係，我有個問題要問大家。

「假設有個商品，在製造成本和管銷費用不變的情況下，價格提高二〇%，那麼利潤會怎樣？」

是不是覺得好像在哪裡被問過這個問題呢？沒錯！

請看【圖表十七】。這張圖表和〈前言〉裡解釋過的那張圖表，條件完全一樣。假設某個商品的價格為一百元的話，利潤為五％；如果價格上漲一百二十元，利潤就會從五％提高到二五％，翻漲五倍。

相反地，假設接受客戶的殺價而將價格調降五％。

這下利潤就會化為零。

我要再次強調的是，如果你將提供給客戶的附加價值視為「利潤」，你就知道**「價格」的影響力有多麼大**。

這個事實，不僅銷售員要知道，組織中的所有人都應該知道。

此外，從這張圖表我們可以看出來，即便提高價格，製造成本和管銷費用仍然一樣，因此勞力和成本都不會改變。

換言之，能用同樣的工作方式、同樣的勞動時間，帶來更高的生產力。

圖表 17 創造附加價值後，必須反映在價格上

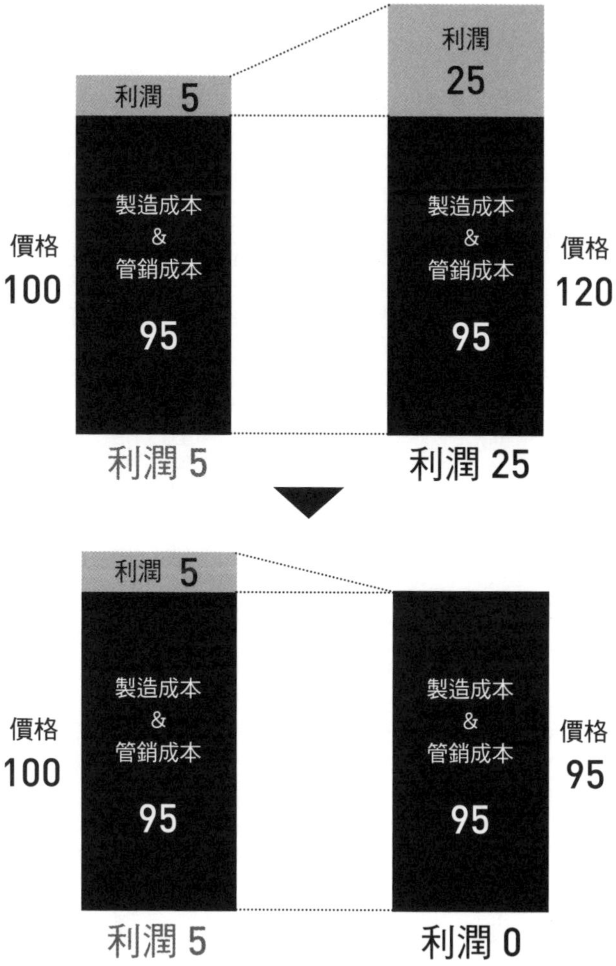

只要「提高價格」就能搞定。

我在講座上這麼一說，許多人便露出「有點不太放心」的表情，似乎是認為：「漲價就賣不出去了」、「這樣直接漲價，不是跟詐欺一樣嗎？」

這時，我會解釋：「推出新產品或漲價時，最重要的是**銷售員要對價格有信心，能夠自信地告訴客戶『絕對物超所值』。**」

如果銷售員不能對「將產品的附加價值反映到價格上」充滿信心，當他們向客戶提案時就會說出：「我們推出了新產品，但很抱歉，這次價格有點貴……」

客戶當然不會購買銷售員口中的「有點貴」的東西。

原本，**價格就會因為是誰、何時、在哪裡、為了什麼目的而使用等因素有所變化。**

比方說，在日本購買瓶裝水的價格大約是每瓶一百日圓左右，但在哥本哈根機場購買的話，每瓶要接近四百日圓。在日本吃蕎麥麵，便宜的大約三百到五百日圓之間，貴的大約一千日圓左右，但在西雅圖可能會拉高到二千日圓。

而且，價格算是昂貴或便宜，取決於個人的價值觀。

想要購買豪華車 Lexus 的人，都覺得 Lexus 很有價值。

如果跟來買 Lexus 的客戶建議另一款輕型車：「這種車更省油，價格也比較便宜喔」可能會挨罵吧。

在基恩斯，他們將「附加價值與價格的關係」視為重要因素。

就以附上自動開關功能的馬桶來說，馬桶製造商會購入感測器，而感測器製造商（非基恩斯）賣給馬桶製造商的價格，一個大約落在五十日圓到一百日圓之間。

另一方面，當基恩斯將用於工廠自動化的感測器，當成提高生產力的商品來銷售時，每台會超過一萬日圓，貴的甚至超過十萬日圓。

這種情況下，製造成本當然會提高。

不過，它可以創造出非常高的附加價值，遠遠超出製造成本的增加幅度。因此，利潤自然攀升。

基恩斯基本上是**以附加價值來決定價格**，而背後的想法是：「因為客戶獲得的附加價值是□□，所以售價就訂為○○元吧。」

如果能以附加價值來決定價格，提高利潤的可能性就會增加。

如果以成本來決定價格，代表決定價格背後的想法是：「我們公司的成本是□□，所以售價就訂為○○元吧。」這種思維很難提高價格，也就很難增加利潤了。

我經常在講座上詢問參加者一個問題：

「有一個研修活動，主題是『主管職研修』，每月一次，為期半年共六次，有八名主管參加。你們認為這個研修活動會花多少錢？」

很多人回答：「可能要花幾百萬圓吧？」

事實上，這個研修活動的價格是二千萬日圓。

當我說出這個價格時，參加者都認為：「太貴了吧？」這是理所當然的，因為我故意**只說研修活動的特色而已**。

只有這些訊息的前提下，乍聽「二千萬日圓」當然覺得太貴，客戶不可能買單。

但是，如果強調出好處和價值，例如「參加這個主管職研修活動，不僅可以大幅減少加班且不會降低業績，還能達成減輕業務量、提高生產力、改善工作方式等一系列目標。至於能省下多少加班費用，估計大約四億日圓！而投資這項研修活動的金額是二千圓日萬。您覺得如何？」相信對方就會說：「這樣啊，那這個金額很合理啊。」

既然可提供四億日圓的附加價值，那麼即便要花二千萬日圓，客戶自然會覺得很划算。

這就是以附加價值來決定價格的做法。

重點 8

仔細說明好處，對方就能接受以附加價值來決定價格的做法。

提高售價的三大關鍵問題

要訂定高售價（以附加價值來決定的價格）之前，必須明確回答以下三個問題。

①「真的能夠獲得這個附加價值嗎？」
↓「**是的，您能夠獲得。**」
②「其他產品辦不到嗎？」
↓「**是的，其他產品辦不到。**」
③「我們自己也辦不到嗎？」
↓「**是的，您自己也辦不到。**」

圖表 18　探索需求、創造價值、實現價值的流程

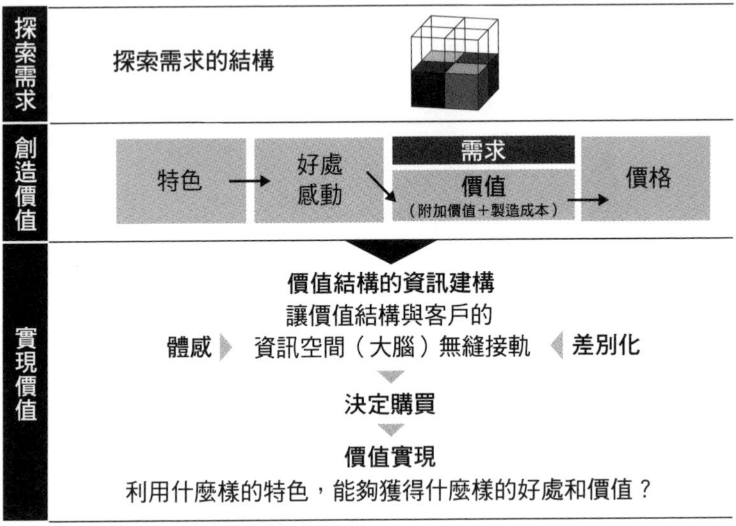

只要能明確地回答這三個問題，想信客戶能接受你提出的價格。

基恩斯的商品企畫和開發，都考量過這三個問題，也能明確地回答出來。這樣的組織體制，正是基恩斯的優勢。

這種以附加價值來決定價格的做法，有些是在銷售階段進行，有些是在產品企畫階段、市場行銷階段進行，但基恩斯都是在產品開發之前的產品企畫階段就進行了。

以上的內容可以總結成【圖表十八】。

首先是探索客戶的需求。

根據需求而製造商品，然後以商品的特色、好處、客戶的感動等為基礎而創造「附加價值」，並反映在「價格」上。

確實理解這個「特色、好處、感動、附加價值、價格」的結構。

透過這個過程來創造價值，那麼只要客戶覺得「這個商品的確很划算」，他就會決定「購買」。

能夠做到這一點的銷售員，肯定無往不利。

銷售員負責探索需求後，就能在商品企畫階段創造價值，在商品開發階段實現商品，在促銷階段開展價值。

換句話說，銷售員是創造附加價值的起點。

重點 9

以探索客戶需求為出發點，掌握創造附加價值的流程。

第6章

如何大力擴散創造的附加價值

開展價值——最大化和最佳化附加價值

前一章，我聚焦在銷售領域，說明「探索需求↓創造價值↓實現價值」的流程。

接下來，我們要關注的是「開展價值」領域。

我們先來明確定義一下「開展價值」吧。

根據客戶需求所製造出來的商品，思考它們最後的銷售對象是誰、該採取什麼樣的銷售方法，並擬出具體對策，這就是開展價值。

這塊領域一般稱為「市場行銷」。

市場行銷的主要任務是「促銷」，也就是**設法讓客人知道自家商品和服**

圖表 19　價值主義經營® 事業結構中的開展價值

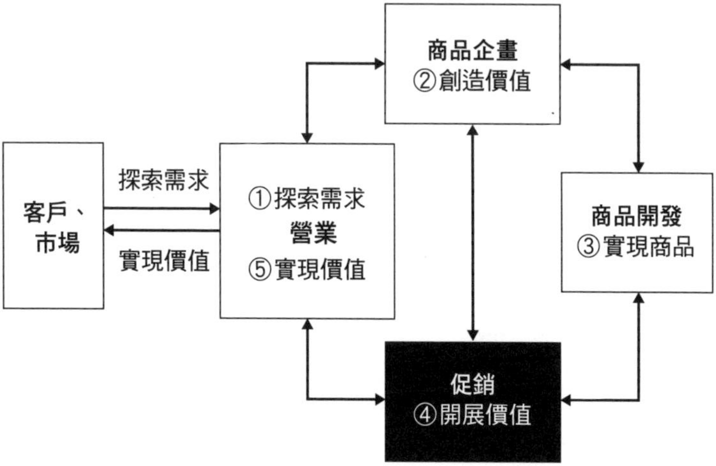

務，刺激他們的購買欲望。

市場行銷的終極目標，當然是提高公司的業績和利潤。

但是，如果你認同行銷最重要的任務是「創造附加價值並提供給客戶」，那麼行銷目的就會有些微的改變。

行銷的真正目的不是單純把商品賣掉就好，而是「**將附加價值最大化和最佳化後，提供給客戶和**

市場」。

要實現這個目標，必須掌握客戶的需求和附加價值，確保它們反映在自家產品中，並根據這些資訊展開市場行銷活動。

因此，行銷人員必須了解銷售階段的探索需求、產品企畫階段的創造價值、產品開發階段的實現價值，把握每一關的重點，對創造附加價值的過程瞭若指掌。

可是，有很多行銷人員並未想到這一點，只會追逐眼前的數字。我們經常看到行銷人員只會看著電腦，一味地分析相關網站的瀏覽量（PV）和轉化率（CVR）等數字。

當然，數字分析很重要，對促銷活動也很有幫助。

但是，讓我再強調一次，市場行銷上最重要的一件事，是思考「如何將附加價值最大化、最佳化，然後提供給客戶」。

為此，行銷人員必須深入探討：「客戶會在什麼情況下，如何使用這個產品，它能為客戶帶來什麼幫助？」

重點 1

行銷真正的目的是：「將附加價值最大化、最佳化，然後提供給客戶和市場」。

親眼看到「客人購買的那一刻」

行銷人員該怎麼做才能了解「客戶會在什麼情況下，如何使用這個產品，它能為客戶帶來什麼幫助？」

為此，**行銷人員必須親自走進現場，直接用自己的眼睛觀察客戶，並視情況徵詢客戶的意見。**

這裡的現場，指的是「客戶購買、使用產品的地方」。

我在第五章提到銷售人員必須「親自到現場去看、去觀察、去體驗客戶所處的情景」，行銷人員同樣也要做到這點。

讓我用一則小故事來說明這點的重要性吧。

這是某大型日用消費品公司行銷人員的故事。

該公司的市場行銷部長Ｂ，每週都會去銷售自家商品的店家三次。目的是去「觀察客人」。

Ｂ部長有個信念：「**行銷人員必須親眼看到客人購買的那一刻。**」於是定期前往店家，親眼觀察客人對自家商品的反應，以及他們採取的購買行為模式等。

有一次，一名女性顧客拿起了該公司的洗髮精，看了一會兒後就放回貨架上了。

這名女性客人在年齡和氛圍上，都符合該產品使用者的設定形象。

不過，最後她並沒有購買。

Ｂ部長上前向這名女客人說明原委後，直接詢問：「不好意思，剛剛妳拿了這個洗髮精，為什麼最後又放回去呢？」女客人回答：「包裝上寫著『強健頭皮』，但我並不在這個，我在意的是『頭髮的光澤』。」

原來B部長及其團隊嘔心瀝血打出來的關鍵字「頭皮」，對這名女客人而言，其實「沒有價值」。

以日用品來說，通常人們會閱讀包裝上標示的特點、成分、用途和使用方法等，再決定是否購買。

行銷人員絞盡腦汁標示在包裝上的資訊，就是決定購買與否的關鍵。

不用說，B部長當然會把與該名女客人的對話，列入行銷上的參考。

市面上有很多教授行銷知識及手法的書籍。

如果只想知道行銷手法，看這些書就夠了。

但是，行銷人員不能只學習知識和手法。

必須親眼看到客人購買的那一刻、使用的那一刻、使用後獲得幫助而感動的那一刻。

並將這些經驗不斷累積下去，這才是真正專業的行銷人員。

當你親眼看到這些時刻，體會到客戶的感動，你就會獲得一種「領悟」，知道應該主打商品的那個重點，該使用什麼樣的廣告標語等。

儘管「市場行銷」聽起來有點酷炫，但就像剛才那位B部長一樣，這個工作完全是一步一腳印。

唯有不斷累積這個踏實的習慣，才能成為一名專業的行銷人員。

重點 2

親自到現場體驗客人對商品的反應。
不斷累積這種體驗，是成為專業行銷人員的不二法門。

種子就在世界某個角落

我們已經從各種不同的角度討論了①探索需求、②創造價值、④開展價值、⑤實現價值。接下來，我要談的是還沒討論到的③「實現商品」（商品開發）。

這裡，我希望大家除了關注需求，也要關注**種子**。

在行銷中，提到需求，就會提到種子。

「種子」指的是企業獨有的技術實力、企畫能力、專業知識、材料和素材等。

在開發商品時，人們常常爭論，應從需求（消費者）的角度來思考，還是從種子（生產者）的角度來思考。

以市場行銷的思維方式來看，「兩者一樣重要」。

基恩斯對於種子也有獨到的見解，相當特別。

我還在基恩斯的時候，他們還沒有自己的產品開發基礎研究設施。他們不是自己獨立進行研究開發，而是從外部（全球各地）收集能夠成為種子的技術。

這種體制的發想是：「我們沒辦法光憑自家技術，開發出滿足客戶需求的商品，但我們和外部技術合作就辦得到」、「只要收集商品的技術資訊，然後在自家重現，就能開發出我們想像中的商品。」

換句話說，我始終認為基恩斯的想法是：「**種子就在世界某個角落，只要拿到這些種子即可。**」

這個想法的基礎是：「我們的使命是創造附加價值，如果我們自己也做研究開發，就會在這上面花太多心力。因此，我們只要企畫商品，至於研究開發的部分，交給擁有相關材料、素材、技術的公司即可。」

由市值排行頂尖的公司來負責這樣的產品開發模式，我認為相當有意義，對日本的中小企業製造商來說，是一個很好的方向。

當然，這不表示「自家公司不能進行研究開發工作」。即使自家公司不做研發，或者沒有相應的研發技術，只要能從日本或世界各地找到支援，進行合作，一樣能夠開發商品。

我想說的是，只要用這種角度來思考，商品企畫與開發的範圍就能迅速擴大開來。

或許有些公司會因為「根本無法做出完全滿足客戶需求的高附加價值商品」、「我們的技術團隊沒這樣的技術實力」而放棄。

這是天大的誤解，而且十分可惜。

創造附加價值所需的技術和資訊，就在世界某個角落。

重點 3

即便目前沒有相關技術也無需放棄。

只要向外部尋求支援與合作，商品企畫與開發的範圍就能迅速擴大開來。

後勤部門如何創造附加價值？

到此為止，談了關於銷售、商品企畫、促銷，以及產品開發等領域的話題。但我相信讀者中肯定有人在其他領域工作，例如銷售事務、人力資源等，稱為後勤部門的工作。

在後勤部門工作的人也是組織中的一員，可以為創造附加價值做出十足的貢獻，事實上也正在做出貢獻。

重要的是，無論在哪個部門工作，都要思考**「我在探索需求、創造價值、實現商品、開展價值、實現價值的流程中，可以在哪個環節以什麼方式做出貢獻？」**

在銷售事務部門工作的人，主要負責製作銷售用資料等，協助銷售員推展業務。對他們來說，就是盡量創造出更多的銷售活動時間，這點在創造附加價值上相當重要。

舉例來說，一名銷售員一天要花三十分鐘做整理資料等雜務。

假設一年有二百四十個工作天，那麼一天三十分鐘的雜務，一年就花掉一二〇小時。

如果一名銷售員一個月工作一七〇小時，一二〇小時÷一七〇小時＝〇．七個月，等同於花了〇．七個月在做雜務。

不過，要是有銷售事務員的協助，銷售員便能把這些時間用在銷售活動上，進而多創造出〇．七個月的工作成果。

如果一名銷售員的業績，以毛利計算是一個月三百萬日圓，等於三百萬日圓×〇．七個月＝二百一十萬日圓。

將銷售事務格式化，或是交由事務人員處理，透過這些支援而能**省去一**

天三十分鐘的雜務時間，就有可能多創造出二百一十萬日圓的成果。

如果一個銷售部門有十名銷售員，一份銷售事務工作可以「省下三十分鐘的雜務時間」，那麼一年就能提升二千一百萬日圓的成果，貢獻卓著。如果這樣的工作一年能做到十份，就能創造出高達二億一千萬日圓的價值。

至於人力資源部門，需要考量的是：如何招聘能對創造附加價值做出貢獻的人才、如何將這些人才配置到適當的部門讓他們發揮長才。也就是用人力資源的角度，思考哪些人才能在探索需求、創造價值、實現商品、開展價值、實現價值的哪個流程中做出貢獻，然後安排妥當。

總而言之，要觀察整個組織的創造附加價值流程，思考在這個流程中可以做些什麼，以及如何使這個流程更加順暢，然後付諸實踐。

這是包括後勤部門在內所有人共同的課題。

事實上在基恩斯，我認為不論哪個職位、哪個部門，所有人都是抱持著為創造附加價值做出貢獻的心態在工作。

重點 4

不論身屬哪個部門，都能為創造附加價值做出貢獻。

不是「作業」而是「工作」

區分「工作」和「作業」也很重要。

舉例來說，我們來想一下剛才提到的銷售事務。

如果他們只是機械式地完成公司或上司交代的事情，那麼這是「作業」，不是工作。

為了創造附加價值，我們**必須減少作業**、**增加工作**，因為「工作」能產生高附加價值，但作業不能。

請想一想這個問題：「如何提高公司內部業務的生產力，在一定時間內完成高於其他公司數倍的工作量？」

比方說，將要花費十小時的工作予以機制化、系統化，就能在一小時內完成。

那麼節省下來的九小時就能做其他工作。

再將要花費九小時的工作予以機制化，把節省下來的時間拿來做其他新的工作。然後，再次進行機制化……

不斷重複這個循環，就會提升生產力，並且形成一個可創造高附加價值的組織。

這麼一來，**不論誰都會做的工作就是「作業」**。

那麼，這個作業該怎麼做呢？

外包出去吧。

「以最小的資本和人力，實現最大的附加價值」很重要，因為「為了創造相同的利潤（附加價值）而花費的資本（工廠、設備、材料）」，以及在工廠工作的「生命時間（勞動時間）」應該越少越好。

若能將工作機制化，將作業外包出去，等於在公司外面還有十個、二十個、一百個下屬員工。而建立這樣的組織運作，正是**後勤人員的重要任務**。

只不過，許多公司在工作機制化之前，就先把還沒變成「作業」的業務外包出去。

為了減少工時，而把尚未變成作業的業務外包出去，其實反而會花更多的時間和心力，因為你得不斷跟承包商討論，處理相關問題。

而且，要是承包商的程度和技術都不足，就有可能導致成果不符預期。

若沒把工作和作業劃分清楚就外包出去，務必留意別搞到本末倒置了。

圖表 20　價值主義經營® 事業結構

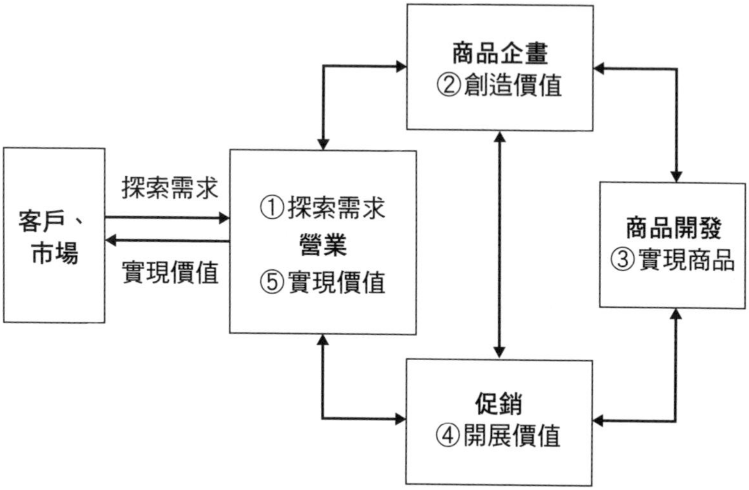

以上說明了從銷售到後勤，組織中各部門如何對創造附加價值做出貢獻的情形。

每個部門有每個部門的功能，當我們用「創造附加價值的機制」觀點來思考時，最重要的是什麼呢？

相信大家都知道了。

那就是「不是各部門各自單打獨鬥，而是所有部門所有人互相連動」。

最後，讓我們再次總結創造高附加價值企業的整體樣貌。

①銷售人員找出客戶的「潛在需求」（探索需求）。

②商品企畫人員做出能滿足需求的「世界或業界首創的商品」（創造價值）。

③商品開發人員製造出「世界或業界首創的商品」（實現商品）。

④促銷人員進行市場行銷（開展價值）。

⑤銷售人員提供反映在商品上的「附加價值」（實現價值）。

必須讓①到⑤全部靈活地環環相扣，形成一個有機的結構體，不斷地創造附加價值。

不論是誰，不論在哪個職位，都能在①到⑤中的某個環節對創造附加價值做出貢獻。

請先從思考「為了在工作中提供附加價值，我能做些什麼？」開始吧。

重點 5

為創造附加價值，有必要增加工作，並減少作業。把作業變成「誰都能做的狀態」，然後外包出去。

結語

感謝您的閱讀。

或許有讀者遇到本書之前，在工作上或日常生活中，老是為了「每日工時太長」、「薪水太低」、「感受不到工作和生活的樂趣」等原因而苦惱，覺得「生活好難」。

身為一名顧問，我常在工作現場聽到類似這樣的話：「心靈很重要」、「理念很重要」、「精神性很重要」……

每當聽到這樣的言論，雖然我知道這些的確很重要，但我有時會直言不諱：「你應該先處理的不是這些！」

當然，心靈、理念和精神性都很重要。

只不過，思考這些問題的先後順序錯了。

讓人覺得生活好難的「真正原因」是什麼？我認為是**利用生命時間創造**

的附加價值太低。

- 因為附加價值很低……公司的利潤很低。
- 因為利潤很低……薪水很低（提高薪水將導致公司破產）。
- 因為薪水很低……不得不克制想做些什麼的渴望，對未來感到不安。
- 因為薪水很低……必須長時間工作。
- 因為長時間工作……時間不夠用，與家人相處的時間也減少了。
- 因為沒有時間、沒有錢……就算想滿足家人的願望（想去旅行，想讓家人有美好的體驗等），也無法實現。
- 因為欲求不滿……開始攻擊比自己更可憐的人，強迫別人忍耐。

一個生活沒有餘裕的人，之所以會對他人表現出不友善的行為，並不單是他個人因素造成的，我認為根本原因在於：**每個時間單位創造的附加價值**

過低。

我自己曾經陷入困頓，那段時間，即便我想對別人好，但時間和金錢的匱乏讓我無法幫助別人；正因為我有過這樣的經驗，我深深明白那種生活的痛苦。

反之，如果能夠解決根本的原因，即提高每個時間單位的附加價值，許多問題便能迎刃而解。

理解附加價值的人能夠掌握工作，甚至掌握人生。

這點我深信不疑。正因為如此深信，我希望人人都能理解附加價值，且不論站在哪一種立場，都能實踐出來，因此我寫這本書，介紹「附加價值創造法」，毫不保留地分享我的「想法」和「知識」。

最後，我想分享我非常重視的一段話。這段話在基恩斯內部流傳已久，據說是創辦人說的話，也許內容與原文有點出入，但大致上是這樣的：

如果只是想提高銷售額，那麼拿一億日圓買鐵，再以一億日圓賣掉就好了，結果銷售額就是一億日圓。

但是，這麼做不會產生價值，也不會有利潤。

這時，在那裡工作的人花掉那麼多生命時間，到底花到哪裡去了？

難道是為了那些毫無價值的東西嗎？

不對吧？

我們從事商務活動，該做的是為採購進來的物品增添附加價值，讓客戶購買、使用，感受到這個價值。

這中間的差額（採購價格、購買價格和客戶獲得的價值）就是我們用生命時間創造出來的。

這就是附加價值。

這就是利潤。

為什麼我會特別重視這段話呢？因為在日本，人們似乎認為：「不應該賺取超過必要以上的利潤。」

這段話在某個意義上，打破了這種「既定觀念」。

工作人員以生命時間創造出來的附加價值，應該予以最大化。

為什麼要對盡力達成這個目標而感到困惑呢？根本沒必要。相信讀了本書的各位一定明白，客戶會覺得開心，表示產品的附加價值很高，既然客戶開心，當然願意掏錢購買。

當然，我也不喜歡唯利是圖的心態，但對那些日日鑽研，不斷創造並提高附加價值的人，我深表敬意。

將「生命時間」，從「成本」轉變為「創造附加價值」。

我就是為了實現這種概念的轉換（即所謂的「典範轉移」〈Paradigm Shift〉）而撰寫本書。

我要感謝許多人，首先是企畫並出版本書的 Kanki 出版社的金山哲也先生，以及在我寫作過程中持續為客戶提供價值的 Kakushin 公司的全體同仁們，與敝公司一起不斷對社會提供附加價值的客戶們，還有我礙於忙碌無法陪伴卻一直支持我的家人們，真的很謝謝你們。當然，還要對閱讀本書的各位讀者致上萬分謝意。

當附加價值得以最大化，高出客戶支付的金額時，肯定會有好事發生，那就是客戶開心地對你說「謝謝」。在日常工作中，你會確信自己「有助於人」，就是在客人向你說聲「謝謝」的那一刻。

我始終認為，能夠持續產生這一刻的「最重要的工作本質」，就是附加價值。

如果本書能夠幫助各位在努力工作生活的同時，不斷獲得眾人的「謝謝」，那將是我無比的榮幸。

各章重點

第 1 章　附加價值的「價值」是什麼？

重點 1 首先，了解價值和附加價值的定義。

重點 2 了解「價值是什麼？」才能預防致命性的失敗。
不是先思考「怎麼樣才能大賣？」，而是先思考「顧客為什麼會買？」

重點 3 基恩斯公司在進行新產品的企畫及開發前，都會徹底做好市場調查，再將結果反映在產品開發上。

重點 4 所有的商務活動都會用到「人的生命時間」。
生命很可貴，而且無可取代，不應該浪費，而該用在有價值的事物上。

重點 5 以提供大於「對方支付金錢」的「價值」為目標。
做到這點，就能創造附加價值，同時感受到幸福。

重點 6 用「附加價值＝價值－外部採購價值」的觀點來進行思考。

第 2 章　如何區分附加價值和浪費？

重點 1 明白什麼是「絕對不能對客人說的話」。

重點 2 價值應由顧客認定。

賣方絕對不可任意做出判斷價值的言行。

重點 3 同樣的服務，有時會產生附加價值，有時則不會。

關鍵在於對方有沒有需求。

重點 4 超過顧客需求的部分不是附加價值，是浪費。

重點 5 需求分為「顯在需求」和「潛在需求」兩種。

必須找出潛在需求，才能提供更深層的附加價值。

重點 6 每天觀察身邊的產品，思考「其中有什麼樣的附加價值？」

重點 7 現場是「潛在需求的寶庫」。

重點 8 附加價值的最小單位是感動。人們會對自己感動的事物感受到附加價值，並為此支付金錢。

重點 9 附加價值有三種：①替換價值、②減輕風險價值、③感動價值。

其中，最有高附加價值的是③感動價值。

第 3 章　效法擅長創造附加價值的基恩斯

重點 1 解開「基恩斯的結構」，是了解其本質的關鍵。
然後，便能看見成為高附加價值企業的方法。

重點 2 基恩斯最重視的經營理念就是：
「用最少的資本和人力，創造最大的附加價值。」

重點 3 基恩斯的三個關鍵字：①市場導向型、②高附加價值的標準化商品、③世界和業界首創的商品。

重點 4 基恩斯以同時符合市場原理及經濟原則為前提，製造出標準品。

重點 5 基恩斯早已確立一種製造出世界或業界首創商品的機制，且同時達到提高附加價值和差異化的策略。

重點 6 基恩斯與其他企業的關鍵差別在於「徹底進行結構化，追求可重複性，同時確保所有人都在做所有的事情。」

重點 7 觀察基恩斯的結構，可以發現每個職位的守備範圍有大幅交集。

重點 8 支持基恩斯的結構：
①以數字判斷一切、②長年培養的組織文化。

第 4 章　六大價值，抓住法人顧客的心

重點 1 應分開思考「法人」和「個人」顧客感受到的附加價值。

重點 2 以「個人感受到的附加價值」為出發點，自然能將「法人顧客所感受到的附加價值」最大化。

重點 3 將「提高生產力」數字化。採取減少總勞動時間的對策。

重點 4 掌握「時間」，是改善財務的重點。
可從調整收款和付款的時間著手。

重點 5 降低成本的最有效做法，就是減少作業（量）。

重點 6 不論個人或法人顧客，都會對避免或減輕風險的價值很有感。重點應放在「修復會花掉多少時間和金錢」、「個人情感」。

重點 7 提升 CSR 很難做定量評價，故訴求重點要放在如何間接創造出「降低成本」、「避免風險」的效果。

重點 8 不僅要考慮「顧客」，還要考慮「顧客的顧客」。

第 5 章　需求發現法＆附加價值的傳達法

重點 1 高附加價值的企業組織中，每一個人都是抱持著「為提供附加價值而貢獻心力」的理念在工作。

重點 2 銷售員的重要任務是提供「有助於客戶獲得成功的資訊」。

重點 3 徵詢客戶意見的重點是掌握「具體而言那是什麼？」、「為什麼那點很重要？」以及「該需求背後的客戶背景和情況」。

重點 4 親自到現場去看、去觀察、去體驗客戶所處的情景，才能夠「無誤地理解」客戶的需求。

重點 5 探索客戶需求的工作永無止境。

重點 6 介紹商品時，應主打商品的「好處」。換句話說，能為顧客帶來什麼改變。

重點 7 說明商品的好處時，要主動告訴客戶「商品能帶來什麼改變」。

重點 8 仔細說明好處，對方就能接受以附加價值來決定價格的做法。

重點 9 以探索客戶需求為出發點，掌握創造附加價值的流程。

第 6 章　如何大力擴散創造的附加價值

重點 1 行銷真正的目的是：「將附加價值最大化、最佳化，然後提供給客戶和市場」。

重點 2 親自到現場體驗客人對商品的反應。不斷累積這種體驗，是成為專業行銷人員的不二法門。

重點 3 即便目前沒有相關技術也無需放棄。
只要向外部尋求支援與合作，商品企畫與開發的範圍就能迅速擴大開來。

重點 4 不論身屬哪個部門，都能為創造附加價值做出貢獻。

重點 5 為創造附加價值，有必要增加工作，並減少作業。
把作業變成「誰都能做的狀態」，然後外包出去。

【參考文獻】

■ 田尻望《結構創造成果：建構價值的結構化思維與方法》（構造が成果を創る——価値を構築するストラクチャリング思考と手法），中央經濟社，二〇二一年

作者簡介

田尻 望

KAKUSIN 股份有限公司 代表董事 CEO

〔實績〕

- 協助某業績 500 億日圓規模的人力資源公司，提高月盈利額達 8900 萬日圓。
- 協助某業績 200 億日圓規模的客服中心，提高月營收達 1.4 億日圓。
- 協助某業績 50 億日圓規模的禮服店，提高月營收達 2400 萬日圓。

京都府京都市出身。大阪大學工學部資訊科學系畢業。專修資訊工學、程式語言及統計學。2008 年畢業後，於基恩斯（Keyence）擔任顧問工程師，負責技術支援和重要客戶。

每年為 30 間公司提供系統生產服務，以及支援各大公司建立業務系統的經驗，形塑了基恩斯公司「用最少人的生命時間和資本，創造最大的附加價值」的經營哲學，打造出各種世界首創的創新商品企劃，以及精準掌握客戶隱形需求的顧問服務，建立起一套個人將高收益化顧問服務的基礎架構。

其後，他與合夥人創設 KAKUSIN 公司，為企業提供培訓服務。為年營收在 10 億日圓到 2000 億日圓規模個公司，提供經營顧問服務。協助許多公司達成月盈利超過 1 億日圓、年盈利超過十億日圓的目標。

服務內容主要是為企業提供中長期發展的架構。著作有《創造工作成果》。

譯者簡介

林美琪

於出版界工作多年，現為專職譯者。對翻譯工作一往情深，嗜譯小說、散文，樂譯勵志、養生等實用書，享受每一趟異國文字之旅，快樂筆耕。

國家圖書館出版品預行編目 (CIP) 資料

最高附加價值創造法 / 田尻望著 ; 林美琪譯. -- 初版.
-- 新北市 : 幸福文化出版社出版 : 遠足文化事業股份
有限公司發行，2024.11
256 面 ; 14.8×21 公分. -- （富能量 ; 111）
譯自 : 付加価値のつくりかた
ISBN 978-626-7532-25-6（平裝）

1.CST : 職場成功法

494.35　　113013399

0HDC0111

最高附加價值創造法

付加価値のつくりかた

作　　者：田尻望
譯　　者：林美琪

責任編輯：高佩琳 / 封面設計：FE設計 / 內頁排版：顏麟驊

總 編 輯：林麗文
主　　編：林宥彤、高佩琳、賴秉薇、蕭歆儀
執行編輯：林靜莉
行銷總監：祝子慧
行銷企劃：林彥伶

出　　版：幸福文化 / 遠足文化事業股份有限公司
地　　址：231 新北市新店區民權路 108-3 號 8 樓
粉 絲 團：https://www.facebook.com/happinessnbooks/
電　　話：（02）2218-1417　傳真：（02）2218-8057

發　　行：遠足文化事業股份有限公司
地　　址：231 新北市新店區民權路 108-3 號 8 樓
電　　話：（02）2218-1417　傳真：（02）2218-1142
電　　郵：service@bookrep.com.tw
郵撥帳號：19504465 遠足文化事業股份有限公司
客服電話：0800-221-029
網　　址：www.bookrep.com.tw

法律顧問：華洋法律事務所 蘇文生律師
印　　製：呈靖彩藝有限公司

初版一刷：西元 2024 年 11 月
定　　價：430 元

ISBN：978-626-7532-25-6（平裝）
ISBN：978-626-7532-30-0（EPUB）
ISBN：978-626-7532-29-4（PDF）

BOOK REPUBLIC
讀書共和國出版集團

著作權所有・侵犯必究 All rights reserved
特別聲明：有關本書中的言論內容，不代表本公司 / 出版集團之立場與意見，文責由作者自行承擔。

FUKA KACHI NO TSUKURIKATA
Copyright © 2022 Nozomu Tajiri
All rights reserved.
Originally published in Japan in 2022 by KANKI PUBLISHING INC.
Traditional Chinese translation rights arranged with KANKI PUBLISHING INC. through AMANN CO., LTD.

幸福
文化

幸福
文化